我是工程师科普丛书

能工巧匠

古代机械漫谈

周奇才　梅熠　栾大凯　王恺　张瑜　李小瓯

编著

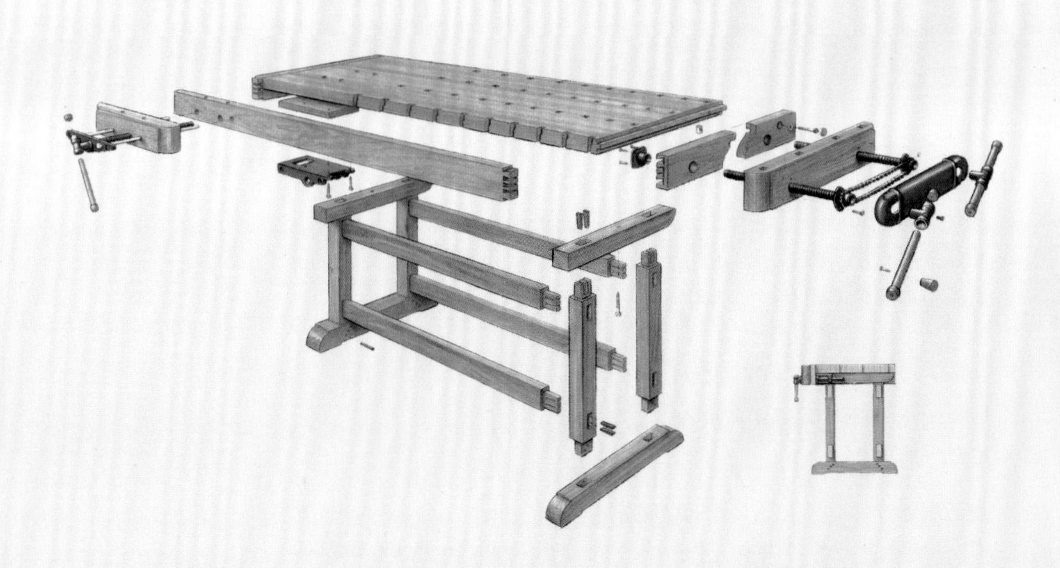

本书从中国古代机械发展的历史长河中，摘取了一些经典例子，以漫谈的形式，来展现中国古代机械的辉煌成就。介绍了包括农业机械、纺织机械、战争机械、交通运输机械和天文地震观测机械等在内的中国古代机械经典例子，以中国古代诗词、故事或史料记载为引子，在介绍中国古代机械的同时追本溯源，与中华民族传统文化相结合。本书整体按照中国古代机械发展规律、主要特点和分类加以表述，内容深入浅出，方便读者理解与阅读。

本书所用考古和复原研究资料翔实，图像资料丰富，语言简单明了，风格简约质朴。通过朴实的文字通俗易懂地介绍了古代机械的相关故事，以及机械的结构、使用方法等，可以作为对古代机械感兴趣的青少年的课外读物，也可作为对科技领域有探索热情的广大公众的参考资料。

图书在版编目（CIP）数据

能工巧匠：古代机械漫谈 / 周奇才等编著 . —北京：机械工业出版社，2020.6
（我是工程师科普丛书）
ISBN 978-7-111-65701-9

Ⅰ. ①能… Ⅱ. ①周… Ⅲ. ①机械工业—技术史—中国—古代—青少年读物 Ⅳ. ① TH-092
中国版本图书馆 CIP 数据核字（2020）第 088630 号

机械工业出版社（北京市百万庄大街 22 号 邮政编码 100037）
策划编辑：郑小光
责任编辑：梁福军
责任校对：李 伟
北京宝昌彩色印刷有限公司印刷
2020 年 7 月第 1 版第 1 次印刷
169mm × 225mm · 9.25 印张 · 128 千字
标准书号：ISBN 978-7-111-65701-9
定价：68.00 元

电话服务 网络服务
客服电话：010-88361066 机 工 官 网：www.cmpbook.com
010-88379833 机 工 官 博：weibo.com/cmp1952
010-68326294 金 书 网：www.golden-book.com
 机工教育服务网：www.cmpedu.com

丛书序
PREFACE

回顾人类的文明史，人总是希望在其所依存的客观世界之上不断建立“超世界”的存在，在其所赖以生存的“自然”中建立“超自然”的存在，即建立世界上或大自然中尚不存在的东西。今天我们生活中用到的绝大多数东西，如汽车、飞机、手机等，曾经都是不存在的，正是技术让它们存在了，是技术让它们伴随着人类的生存而生存。何能如此？恰是工程师的作用。仅就这一点，工程师之于世界的贡献和意义就不言自明了。

人类对“超世界”“超自然”存在的欲求刺激了科学的发展，科学的发展也不断催生新的技术乃至新的“存在”。长久以来，中国教育对科技知识的传播不可谓不重视。然而，我们教给学生知识，却很少启发他们对“超世界”存在的欲求；我们教给学生技艺，却很少教他们好奇；我们教给学生对技术知识的沉思，却未教会他们对未来世界的幻想。我们的教育没做好或做得不够好的那些恰恰是激发创新（尤其是原始创新）的动力，也是培养青少年最需要的科技素养。

其实，也不能全怪教育，青少年的欲求、好奇、幻想等也需要公众科技素养的潜移默化，需要一个好的社会科普氛围。

提高公众科学素养要靠科普。繁荣科普创作、发展科普事业，有利于激发公众对科技探究的兴趣，提升全民科技素养，夯实进军世界科技强国的社会文化基础。希望广大科技工作者以提高全民科技素养为己任，弘扬创新精神，紧盯科技前沿，为科技研究提供天马行空的想象力，为创新创业提供无穷无尽的可能性。

中国机械工程学会充分发挥其智库人才多，专业领域涉猎广博的优势，组建了机械工程领域的权威专家顾问团，组织动员近20余所高校和科研院所，依托相关科普平台，倾力打造了一套系列化、专业化、规模化的机械工程类科普丛书——“我是工程师科普丛书”。本套丛书面向学科交叉领域科技工作者、政府管理人员、对未知领域有好奇心的公众及在校学生，普及制造业奇妙的知识，培养他们对制造业的情感，激发他们的学习兴趣和对未来未知事物的探索热情，萌发对制造业未来的憧憬与展望。

希望丛书的出版对普及制造业基础知识，提升大众的制造业科技素养，激励制造业科技创新，培养青少年制造业科技兴趣起到积极引领的作用；希望热爱科普的有识之士薪火相传、劈风斩浪，为推动我国科普事业尽一份绵薄之力。

工程师任重而道远！

李培根　中国机械工程学会理事长、中国工程院院士

前　言 FOREWORD

中国古代机械，顾名思义研究的是中国古代时期的机械。中国古代是指从人类起源的远古时代，到1840年封建社会的结束；机械则是机器与机构的总称。机械具有三个特征：是多个实物的组合；各实物间具有相对运动；能转换机械能，或完成有效的机械功。简言之，古代机械是指可以省力、提高效率的工具，是机巧的发明。

中国古代机械主要分为远古机械和古代机械两大时期。

远古机械时期是简单工具时期，即原始社会的石器时代，包括旧石器时代和新石器时代。旧石器时代主要是利用天然石块和木棒制作工具，进行简单的敲砸和初步修整后作为生存工具，有砍砸器、刮削器、尖状器、石球、石矛和棍棒等。新石器时代人类已经可以使用石料、蚌壳、兽骨、陶、铜来制作工具，有原始耕田器、刀、锄、斧、凿、锯、钻、锉、矛等工具。

古代机械时期是从4000多年前到19世纪40年代，包括中国历史上的奴隶社会和封建社会两个时期。奴隶社会时期经历了从夏商周，到东周的春秋战国时期，在这一时期出现了社会分工，发展了农业，兴起并初步发展了手工业，建设了城市，出现并发展了文字；随着冶铸技术及青铜的普及，生产工具、兵器得到了改进与推广，制陶、纺织、建筑等领域继续大发展，天文、数学、医学等学科相继出现，为以后的发展奠定了基础。封建社会时期从春秋战国到清朝末期，经历了秦汉和宋元这两个中国科学技术发展的高潮，魏晋南北朝和隋唐这两个中国科学技术充实、提高和发展的时期；16世纪以前的中国科学技术一直处于世界领先地位。传统科学思想和科学技术的突出成就正是我国古代科技先驱辛勤耕耘、善于观察、长于思索、勇于探究，注重整合、联系实际的产物，闪耀着中华民族智慧的光辉，对世界文明做出了巨大的贡献。

可以说，机械与各行各业有着千丝万缕的关系，只是程度上有所不同，在有的行业，机械是主体，如制造加工、农业生产、交通运输等；在另一些行业中，机械只为生产过程提供设备，整个生产流程与机械的关系并不大，如纺织、陶瓷、印刷、天文等，机械在这些行业中只占了一定的比例；还有些行业中，机械所占的比例更小些，如建筑、水利、造纸、医疗等。举世闻名的四大发明指南针、造纸术、火药、印刷术，还有万里长城、秦始皇陵兵马俑，以及一些重大创造如赵州桥、都江堰等的建造，都或多或少与机械有一定的关系。

先进机械设备事实上推动了文明的发展，反过来文明的进步又使得更先进的机械被生产出来。从广义上讲，文明是指人类在历史发展过程中所创造的物质财富和精神财富的总和，也就是物质文明和精神文明。精神文明包含意识形态、制度、组织机构、法律、科技、经济、文学、艺术和各种知识。古代机械为古代的物质财富与精神财富做出了重大贡献，机械就包含在文明之中，机械即是文明的因素之一。

编者

2019 年 10 月

目　录

CONTENTS

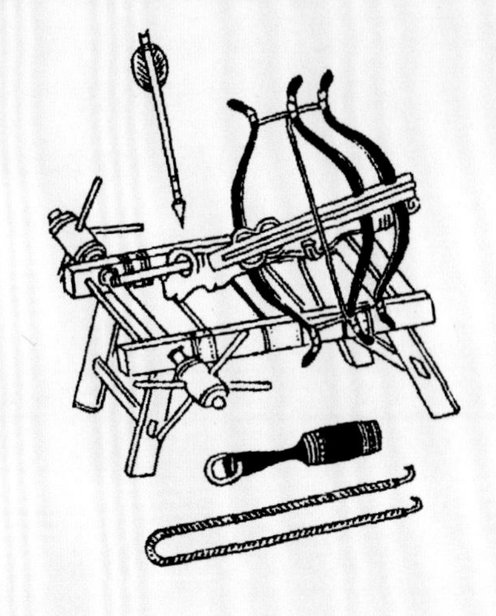

故事 1

古代机械的起源

故事 1

古代机械的起源

创造工具、使用工具是人类区别于其他动物的重要标志。约 170 万年前的云南元谋人，是目前发现的中国最早的古人类，他们创造工具、使用工具，揭开了中国机械史的序幕。这一时期主要是简单工具时期，其后期才有了较复杂机械的萌芽，整个时期可分为粗制工具和精制工具两个阶段，其中大部分时间是粗制工具阶段，即人类历史上的旧石器时代。大约在 1 万年前，才进入精制工具阶段。在这一阶段的后期出现的机械仍不复杂，但任何复杂的机械都是由简单机械发展而成的，这是事物发展的规律。

1.1 粗制工具阶段

现今发现这一阶段的石质工具，即旧石器时代的工具，虽数量相当多，但种类较少，且形状很不规则（见图 1-1），石料的质地也很不相同，并且大都有一物多用的性质。旧石器时代的石质工具粗看与天然石块区别不大，但仔细观察便会发现上面有人工敲砸的征状，还留有人使用过的痕迹，专业研究人员正是根据这些征状和痕迹，将其确定为古人的工具。在这一时期所发现的粗制工具主要有如下几类：砍砸器、刮削器、尖状器、石球和棍棒等。

图 1-1　旧石器时代典型工具

砍砸器可用来砍砸猎物和树木。这种石器有不同的形状和质量以发挥不同的作用。质量可在几两到三四市斤之间，刃口的角度有大有小，如图 1-2 所示即为北京周口店出土的砍砸器，其刃口角度在 60° ～ 75° ，左右大体相对称，可用于两面砍砸。也有的左右不对称，只能一面砍砸。刃口角度过大，则不够锋利，工作起来也较费力；而刃口角度过小，又不够牢固，当然这也和所用材质的强度有关。各地所出土的砍砸器常常是当地古人按长期生产实践中总结出来的经验而发明创造出来的。

图 1-2　砍砸器

刮削器可用来加工猎物与树木，也可用来挖地。其体积大小和质量相差很大，既可左右对称适于两面工作，也可左右不对称适于一面工作。但一般刃口都较薄，较为锋利。刃口的形状可以是圆刃、直刃或凸刃。图 1-3 所示即为刮削器。

图 1-3　刮削器

尖状器的用途和刮削器相近，其尖端比刮削器锋利，切割时比刮削器更有力和方便。另一端的大小、形状也更便于用手握紧，操作起来使得上力。图 1-4 所示就是尖状器。

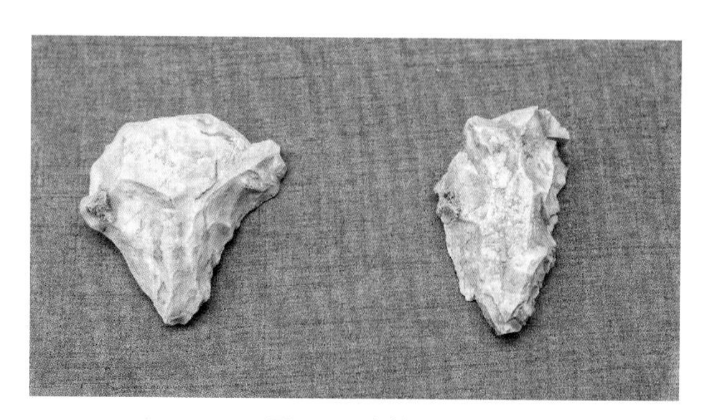

图 1-4　尖状器

石球用来投掷、杀伤猎物（野兽、鸟类或敌人），可以用手投掷，也可以借助于器械如石器时代的棍棒、绳索等投石器（见图 1-5 ）来投掷，当然也可以用石球敲砸来制作其他工具。

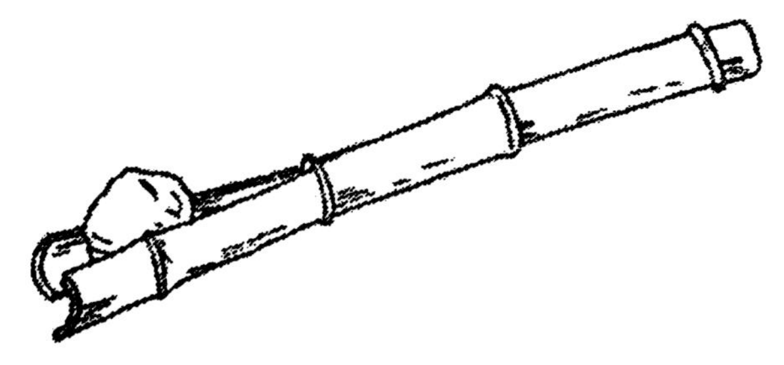

图 1-5 棍棒投石器

在粗制工具阶段，应用较为广泛的工具，除石器外便是棍棒，棍棒一般由树枝、竹竿加工制成。棍棒既可在对付猎物时加大打击力量和控制范围，又可在采集果实时用以延长人的手臂。

1.2 精制工具阶段

在石器时代发生了一个重大变化——人类定居，这不但大大改善了古人类的生活，也促使人类由旧石器时代进入了新石器时代，即精制工具阶段。

由于生产的需要，工具的种类多了，数量也多了，还出现了不少专用工具，制作也远比过去精良，尤以黄河流域、长江流域居多，如有名的仰韶文化（河南渑池县仰韶村等地）、大汶口文化（山东泰安大汶口一带）、龙山文化（山东章丘龙山镇一带）、齐家文化（甘肃广河县齐家坪一带）、马家窑文化（甘肃临洮马家窑）、半山－马厂文化（甘肃和政半山和青海民和马厂塬）属于黄河流域，而河姆渡文化（浙江余姚河姆渡村一带）、屈家岭文化（湖北京山屈家岭一带）、青莲岗文化（江苏淮安青莲岗）、良渚文化（浙江杭州良渚）则处于长江流域。以上这些地方所留下的工具，虽然在结构及形状上稍有不同，但按功能分类基本相同，以下为常见的几类。

（1）农业生产工具

农业生产工具的种类及数量都比较多，反映出当时从事农业生产的人员较多。农业生产工具包括整地（翻地）工具（见图 1-6）、收割工具（见

图 1-7)、粮食加工工具（见图 1-8）等。

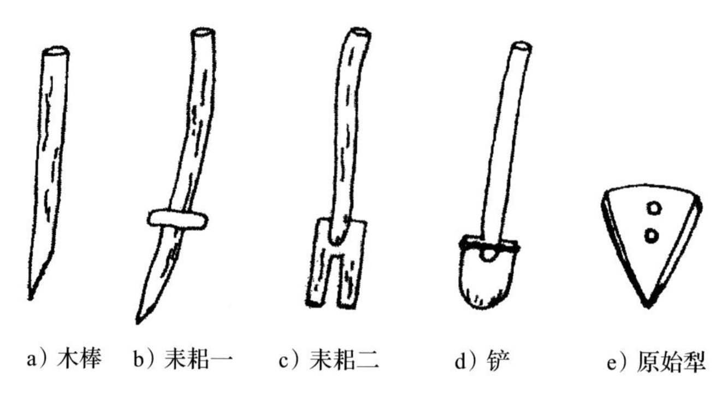

a）木棒　b）耒耜一　c）耒耜二　d）铲　e）原始犁

图 1-6　整地工具

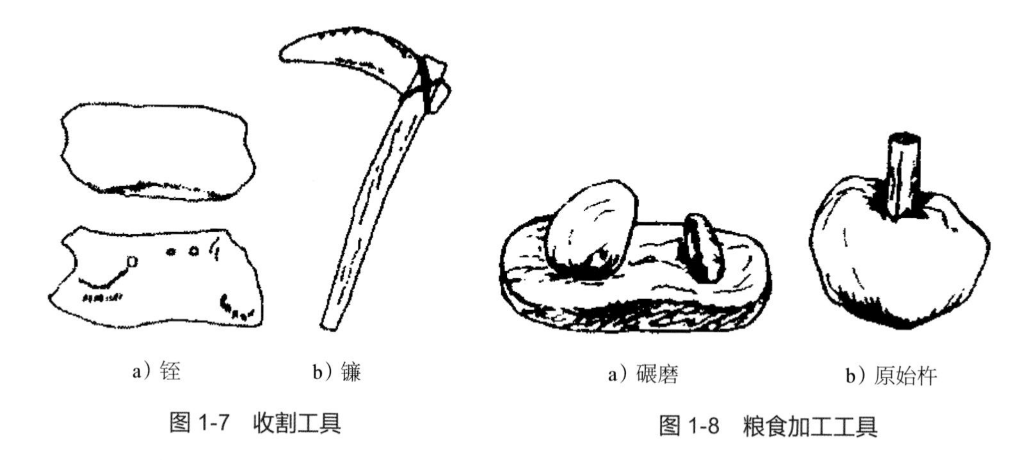

a）铚　b）镰

图 1-7　收割工具

a）碾磨　b）原始杵

图 1-8　粮食加工工具

木质整地工具容易腐烂，故未见有实物出土，但可从古籍记载及绘画资料中得知其具体结构及形状。

木棒（图 1-6a）：原始农业出现时最简单的整地工具，下端削尖，以利刺土。

耒耜（lěisì）一（图 1-6b）：下端面积加大，翻土效率较高。木柄下还加一横木，以供脚蹬，增加向下刺土的力量，下端为石质或木质。

耒耜二（图 1-6c）：在木棒上装有开叉的木板，既可提高翻土的效率，又能减小向下刺土的阻力。

铲（图 1-6d）：木棒下端的铲子可用石或骨制作，其翻土的效率显然大些。整地工具，尤其是原始的整地工具，形状有很大不同，名称也很不统一。

原始犁（耕田器，图 1-6e）：出现在新石器时代的后期，当时的犁铧（刺入土内的部分）尚为石质。在江苏、浙江、内蒙古等地都有这种石质的原始犁出土。

铚（图 1-7a）：可用石或骨、陶、蚌壳制作，大约只用于从上部割掉作物的果实。其上边直接握在手中，下边有时有很多齿，以利于割断作物。

镰（图 1-7b）：早期一般用石制作，但也有用蚌壳制作的，使用时，绑在木棒上，从下部割断作物。

碾磨（图 1-8a）：在旧石器时代晚期就已出现，由石碾和石盘组成，用于碾磨谷物。

原始杵（图 1-8b）：由石臼和木杵组成，用于压捣谷物，效率比碾磨稍高。

（2）木工和建筑工具

木工和建筑工具主要包括石斧、石锛、石凿和石钻等类，见图 1-9。

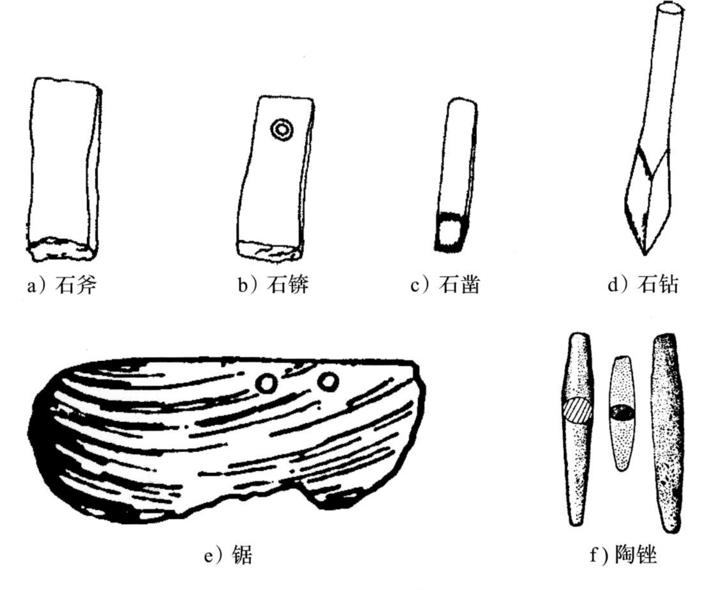

图 1-9　木工和建筑工具

石斧（图 1-9a）：石制的斧头，用绳索与木柄捆绑，用于砍削木头。

石锛（图 1-9b）：头部与斧头相近，但木柄与头部垂直，用来向后砍削木头。用法略同于农业工具中翻土的锄。

石凿（图 1-9c）。用石或骨制作，可用来在木头上凿出矩形孔或矩形剖面的槽。在浙江余姚河姆渡的有些建筑木结构接合处，就凿有加工精良的榫孔，足见当时已达相当高的木加工水准。

石钻（图 1-9d）：一般用石制作，前面呈三棱形，有锋利的边，以利切削，略同现在的扁钻，用于在木料及骨料上钻孔，也可在石上钻孔。

锯（图 1-9e）：常用石、骨、蚌壳及陶制作，略同于当时农业工具收割用的铚，用以锯断木、骨用。

陶锉（图 1-9f）：当时所用的锉是用陶制作的，上面带有许多齿，用以锉削木料等。

雕刻刀：在我国出土过石质雕刻刀，可知在旧石器时代，我国已开始雕刻，到了新石器时代，雕刻刀更为多见。

（3）打猎工具

粗制工具阶段出现的打猎工具——棍棒仍继续使用，石矛、石镞、石球的应用也更广泛，加工更精良，形状规则更合理，外观更光滑。这一阶段用于击杀、加工猎物的刀，用石、骨及蚌壳制作，更利于切割。

（4）捕鱼工具

捕鱼工具主要有鱼钩、鱼枪和鱼镖等，见图 1-10。

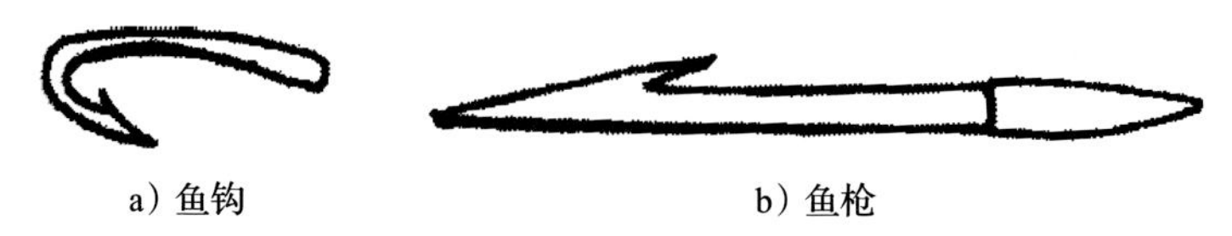

a）鱼钩　　b）鱼枪

图 1-10　捕鱼工具

鱼钩（图 1-10a）：一般用骨制作，但结构与形状都与现代使用的金属鱼钩相似，弯头的前端有倒钩，从新石器时代出土的鱼钩，一般形状相当规则，

外观非常精巧。

鱼枪（图1-10b）、鱼镖：一般用骨制作，前端很锐利，开有倒钩刺，将其捆绑在木棒上成为鱼枪便可握着来刺鱼。也可将其捆在绳索上投击射出，而后将它连同鱼一起拉回。

另外，在多处出土了渔网上的坠，用石、骨或陶制作，可见我国用渔网捕鱼的历史也很悠久。从而可以看出，新石器时代已采用渔网、鱼钩、鱼枪、鱼镖等多种工具捕鱼。

（5）纺织工具

纺织工具主要有纺锤、针和锥，见图1-11。

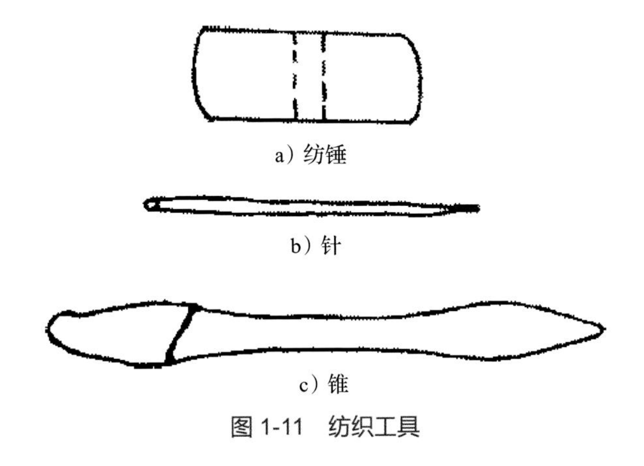
a）纺锤

b）针

c）锥

图1-11 纺织工具

纺锤（纺缚，图1-11a）：现代纺锭的鼻祖。古代手工纺纱就是通过纺锤转动拧紧纱线来进行的。出土的纺锤很多，用石、骨或陶制作，呈轮状，中间有孔，转动时有较大的转动惯量，可稳定转动较长时间。

针（图1-11b）：多为骨针，也见有石制。骨针应用很广，北京山顶洞已有骨针出土，它长82 mm，直径3.5 mm，针体光滑，针尖锋利，针眼狭长。

锥（图1-10c）：也用骨制，比骨针粗大些。此时，已出现了原始织机（原始织机上会用到锥）。

在远古时期的精制工具阶段，原始的机械已经出现，虽然还不够典型，但为以后的发展提供了基础。在新石器时代末期已普遍出现小件铜器，有了中心聚落和最早的城址，房屋建筑中出现了分间式大型建筑，开始用白灰和土坯抹地、筑墙，陶器普遍采用轮制（利用轮制技术进行制陶），还出现了大量的精美玉器。墓葬出现两极分化，大墓往往有棺有椁，有丰富、精美的随葬品；小墓则无葬具，多数也没有任何随葬物品。物质财富的增加及贫富、社会地位的两极分化，预示着文明社会行将来临。

新石器时代在中国历史上是古代经济、文化向前发展的新起点，中国成为世界上机械发展最早的国家之一。中国古代在机械方面有许多发明创造，在动力的利用和机械结构的设计上都形成了自己的特色。

故事 2

昼出耘田夜绩麻

夏日田园杂兴·其七

【宋】范成大

昼出耘田夜绩麻，村庄儿女各当家。

童孙未解供耕织，也傍桑阴学种瓜。

作者简介

范成大（1126—1193 年），字至能，一字幼元，早年自号此山居士，晚号石湖居士，平江府吴县（今江苏苏州）人。南宋名臣、文学家、诗人。著作有《石湖集》《吴船录》《吴郡志》《桂海虞衡志》等。

诗句涵义

这首诗描写了每年初夏，村里家家户户、男男女女白天出去耕田，夜晚回来后又忙着搓麻线的景象。就连那些不谙世事、不懂什么叫耕种的孩子们，也都拿起了工具，到桑树阴下学着大人的模样种瓜点豆。

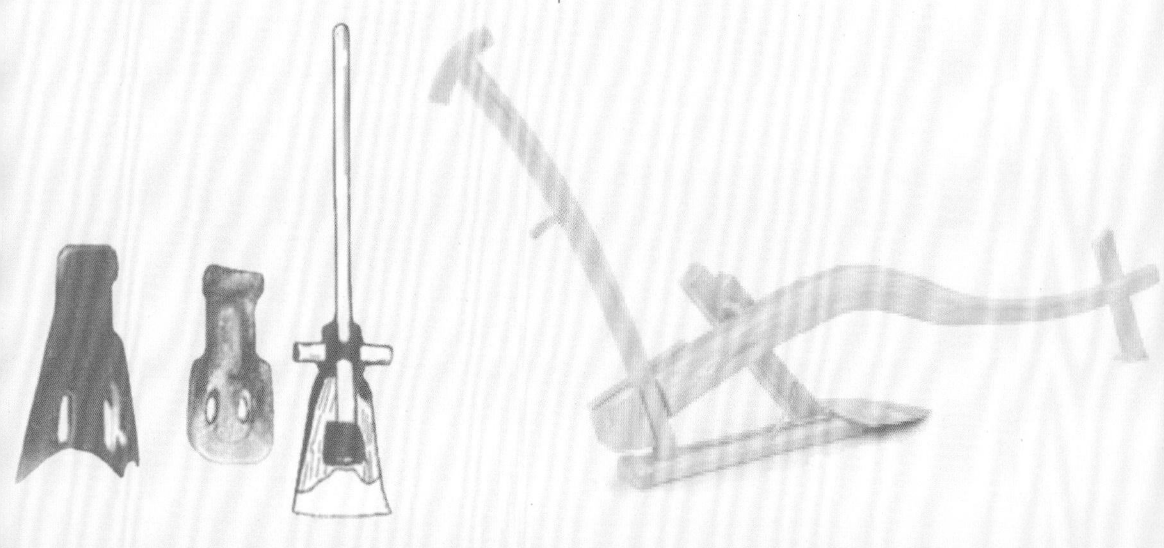

故事 2

昼出耘田夜绩麻

由宋代诗人范成大的《夏日田园杂兴·其七》一诗描写的景象可以看出，古代的耕种是一项苦力活，需要勤奋，需要早出晚归。

我国自古重农。为了增加产量，提高劳动生产率，自远古到晚明，对于从事农业生产各方面所使用的工具，均继续有所发明和发展。而且，同样的一种工具，按创始的年代来说，往往早于其他国家几百年，甚至一两千年。

播种农作物离不开整地机械和播种机械。整地机械是指种植农作物之前，进行翻整土地、破碎土块等工作使用的工具；播种机械是将作物种子播种到完成整地之后的田中，并复土压实的工具。古代整地机械的代表是耒耜和耕犁两种，播种机械的代表是三脚耧。

2.1 耒耜

耒耜是我国先秦时期用于农业生产中的整地、播种庄稼的农具（见图 2-1）。耒是耒耜的柄，是一根尖头木棍加上一段短横梁，耜是耒耜下端

的起土部分。使用时把尖头插入土壤，然后用脚踩横梁使木棍深入，然后翻出。

图 2-1　耒耜

耒耜的材料也随着加工水平的发展发生着变化，从早期的木质发展成石质、骨质或陶质。

2.2　耕犁

耕犁即犁，由一根横梁及其端部的厚重刃构成，用来破碎土块并耕出槽沟，从而为播种做好准备（见图 2-2）。它通常系在一组牵引它的牲畜或机动车上，也有用人力来驱动的。耕犁大约出现在商朝，可以从甲骨文中找到记载。早期耕犁的形制简单，西周晚期至春秋时期出现铁犁，开始用牛拉犁。

图 2-2　耕犁

2.3　三角耧

三角耧是由人或牲畜牵引，后面有人把扶，可以同时完成开沟和下种两项工作。如图 2-3 所示，三角耧包括耧把、耧腿、耧铧、耧辕、籽斗、籽筒等几大部分。

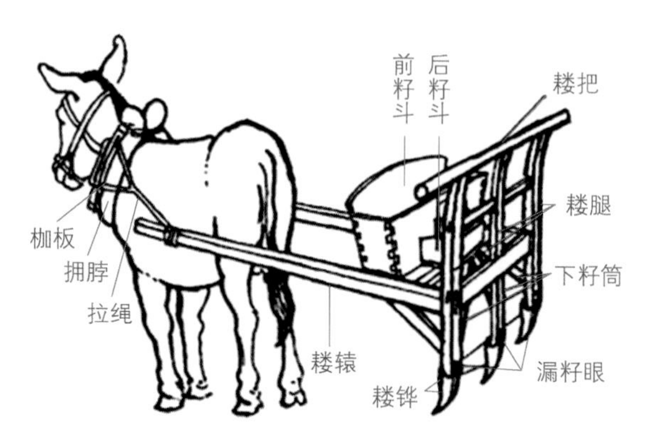

图 2-3　三角耧

耧把为长约二尺的方木条，两端稍细圆光，下榫铆套装三条耧腿。耧腿为长约三尺的三根方木条，下部向前稍弧弯，弧弯至耧脚后为空心，用以漏籽，腿底有前小后大、光面、稍前倾，略似三角形体的木疙瘩，就是耧脚，

用以穿套耧铧。耧铧由铁液浇铸，前尖后空腹，腹后两侧有耳、光面，略呈三角形体，套穿于耧脚，用细铁丝或绳攀绞，固定于耧脚上。耧辕即耧杆，为长约四五尺的两根方木条，前距宽后距窄，后部用两根横木条相联结，榫铆套装于两条边耧腿的中部。

籽斗由厚约三分的木板制作，分为前后两个，前籽斗稍大，侈口（大口），前沿长约一尺，后沿长约八寸，两侧沿各长约八寸，中直深约五寸，斗底长约八寸，宽约五寸，呈侧梯形长方容体。前籽斗的后壁下部紧接斗底的中间，有一长约四五分、高约三分的长方形透孔，称为籽眼。后籽斗稍小较低，与前籽斗紧相连且略相似，其前壁内侧绳系空悬一约杏大的木耧葫，低于前籽斗的漏籽眼；其底用两块上薄下厚的小木板隔开为三格，每格下有漏籽孔眼。前、后籽斗紧靠耧腿架套于耧辕后端的上部。

籽筒为长约八寸的三个空心圆木或竹筒，倾斜前按小籽斗底的孔眼，后接耧腿的漏孔上口，用细绳攀绞。

故事3

旱涝保收远胜于抱瓮出灌

庄子·天地（节录）

【战国】庄子

子贡南游于楚，反于晋，过汉阴，见一丈人方将为圃畦，凿隧而入井，抱瓮而出灌，滑滑然用力甚多而见功寡。

作者简介

庄子（约前369—约前286年），名周，字子休（一说子沐），被诏封为南华真人，战国时期宋国蒙人。著名的思想家、哲学家、文学家，道家学派的代表人物，老子哲学思想的继承者和发展者，先秦庄子学派的创始人。

成语涵义

“凿隧而入井，抱瓮而出灌。”指抱着水瓮去灌溉，一种费力的灌溉方式，比喻费力多而收效少。

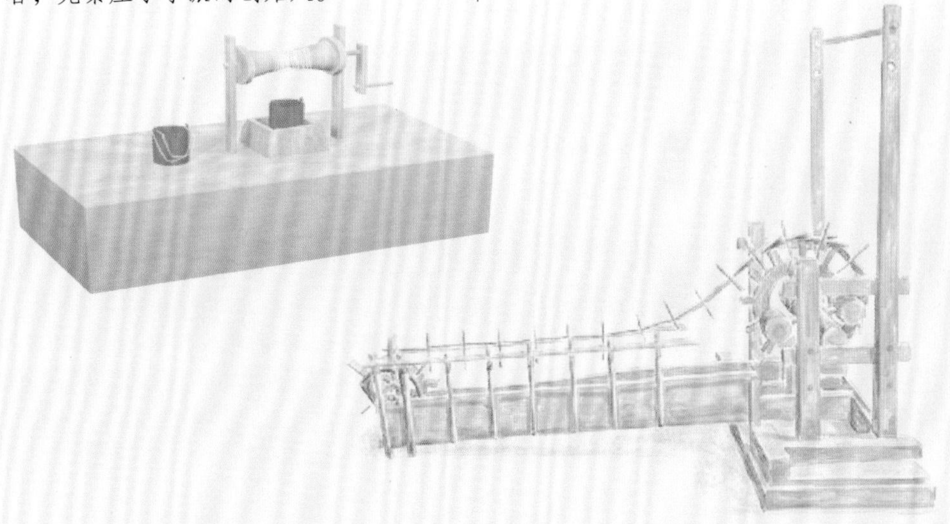

故事 3

旱涝保收远胜于抱瓮出灌

灌溉对农作物生长十分重要，为弥补天然降水的不足，必须对农作物实行灌溉。旱涝保收就是指土地灌溉及排水情况良好，不论天旱或多雨，都能得到好收成，泛指获利有保证的事情。《庄子·天地》中这样写到："凿隧而入井，抱瓮而出灌。"指抱着水瓮去灌溉，比喻费力多而收效少。旱涝保收和抱瓮出灌这两个成语都指出了粮食的产量在很大程度上取决于灌溉技术的高低。合理利用灌溉机械可使农作物合理生长，产量增多。古代灌溉机械的代表有桔槔、辘轳、龙骨水车、井车和筒车等。

3.1 桔槔

桔槔俗称吊杆、称杆，古代汉族农用工具，是一种原始的汲水工具（见图 3-1）。商代在农业灌溉方面开始采用桔槔。桔槔早在春秋时期就已相当普遍，而且延续了几千年，是中国农村历代通用的旧式提水器具。这种汲水工具虽简单，但可使人的劳动强度得以减轻。

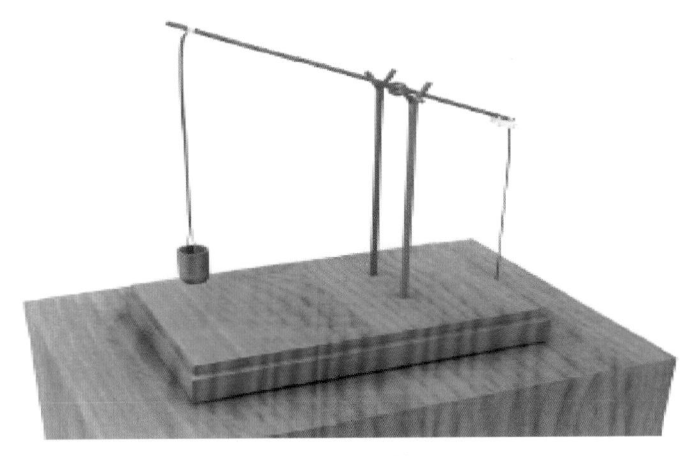

图 3-1　桔槔

桔槔的结构相当于一个普通的杠杆。在其横长杆的中间由竖木支撑或悬吊起来，横杆的一端用一根直杆与汲器相连，另一端绑上或悬上一块重石头。当不汲水时，石头位置较低（势能亦小）；当要汲水时，人则用力将直杆与汲器往下压，与此同时，另一端石头的位置则上升（势能增加）。当汲器汲满水后，就让另一端石头下降，石头原来所储存的势能因而转化，通过杠杆作用，就能将汲器提升。这样，汲水过程的主要用力方向是向下。由于向下用力可以借助人的体重，因而给人以轻松的感觉，也就大大减小了人们汲水的疲劳程度。这种汲水工具，是中国古代社会的一种主要灌溉机械。

3.2　辘轳

辘轳是汉族民间的一种汲水设施（见图 3-2），流行于北方地区。它是一种利用轮轴原理制成的井上汲水起重装置，由辘轳头、支架、井绳、水斗等部分构成。南朝宋刘义庆《世说新语·排调》："顾曰：'井上轆轤卧婴儿。'"北魏贾思勰《齐民要术·种葵》："井别作桔槔、轆轤。"井上竖立井架，井架上装可用手柄摇转的轴，轴上绕绳索，绳索一端系水桶。摇转手柄，使水桶一起一落，提取井水。辘轳也是一种由杠杆演变来的汲水工具。据《物原》

记载，“史佚始作辘轳”，史佚是周代初期的史官。早在公元前1100多年前，汉族劳动人民已经发明了辘轳，到春秋时期，辘轳就已经流行。

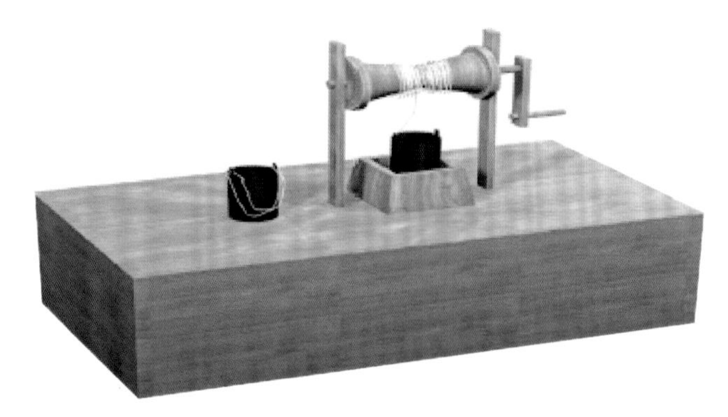

图3-2　辘轳

辘轳的制造和应用，在古代是和农业的发展紧密结合的，广泛应用在农业灌溉上。辘轳在我国应用的时间较长，虽经改进，但大体保持了原形，说明在3000年前我们的祖先就设计了结构很合理的辘轳。

新中国成立前在我国北方缺水地区，仍在使用辘轳汲水灌溉小片土地。

3.3　龙骨水车

龙骨水车是一种灌溉工具，因其形状像龙骨，故得名龙骨水车（见图3-3）。它的结构是，以木板为槽，尾部浸入水流中，有小轮轴，另一端也有小轮轴，固定在堤岸的木架上。使用时，踩动拐木，使大轮轴转动，带动槽内板叶刮水上行，倾倒在地势较高的田中。

龙骨水车适合近距离灌溉，汲水高度在1～2 m，比较适合在平原地区使用。汲水时，一般安放在河边，下端水槽和刮板直伸水下，利用链轮传动原理，以人力或者畜力作为动力，带动木链周而复始地翻转，装在木链上的刮板就能随着水把河水提升到岸上，进行农田灌溉。这种水车的出现对解决排灌问题有着非常重要的作用。

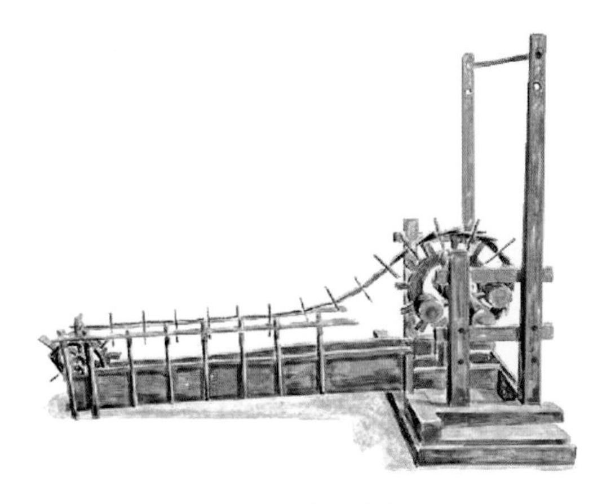

图 3-3　龙骨水车

3.4　井车

井车是由辘轳发展而来、从深井中汲水进行灌溉的工具（见图 3-4）。它是用人力或者畜力拉动，盛放水的水斗连续上升，绕过大轮，倾斜于水籧篨，再流入田地中，然后空水斗下降，周而复始地运转。井车在北方主要用于垂直地底取水，在西南地区主要用于盐井取盐水，约产生于隋唐时代。

图 3-4　井车

3.5 筒车

筒车是利用湍急的水流转动车轮（见图 3-5），使装在车轮上的水筒自动舀水，提上岸来进行灌溉。筒车按照材质分为竹筒车和木筒车两种。筒车的水轮直立于河边水中，轮周斜着装若干竹、木制小筒，最多有 42 个小筒。

图 3-5　筒车

故事 4

春种一粒粟，秋收万颗子

悯农

【唐】李绅

春种一粒粟，秋收万颗子。

四海无闲田，农夫犹饿死。

作者简介

李绅（772—846 年），字公垂，祖籍亳州谯县（今安徽亳州市谯城区）。唐朝宰相、诗人。著有《乐府新题》二十首。

诗句涵义

这首诗描绘了硕果累累的景象，突出了农民辛勤劳动却惨遭饿死的现实。春天只要播下一粒种子，秋天就可收获很多粮食。普天之下，没有荒废不种的土地，可仍然有饿死的劳苦农民。

故事 4

春种一粒粟，秋收万颗子

“春种一粒粟，秋收万颗子。”出自唐代诗人李绅的《悯农》，以“春种”“秋收”概写农民的劳动，从“一粒粟”化为“万颗子”形象地写出硕果累累、遍地金黄的丰收景象。

秋收是指秋季收获农作物，农作物是当年春夏和夏秋播种、当年秋季收获的作物，主要有稻谷、玉米、棉花、烟叶、芝麻等。秋收时节一般在农历秋分前后。

收获及加工机械是指进行收获农作物所使用的工具及后期的加工工具。古代此类工具的代表是杵臼、水磨、舟磨、连机水碓、风扇车等。

4.1 杵臼

杵臼（chǔjiù）就是杵和臼，都是舂（chōng）捣粮食或药物等的工具。《六韬·农器》中记载：“战攻守御之具尽在於人事，耒耜者，其行马蒺藜也……钁锸斧锯杵臼，其攻城器也。”如图 4-1 所示，杵指一头粗一头细的圆木

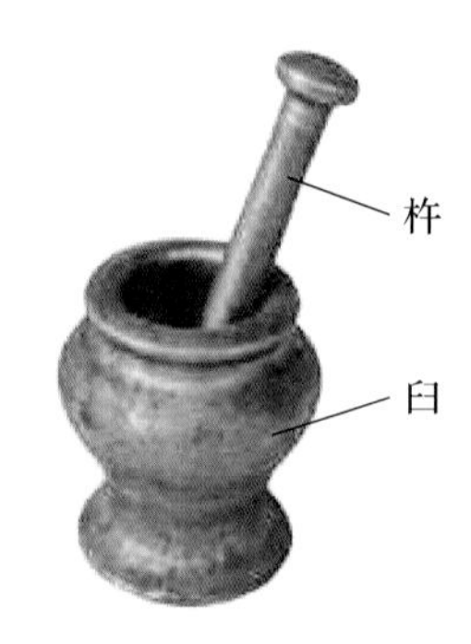

图 4-1 杵臼

棒，臼是舂米的器具，用石头或木头制成，中间凹下。使用时将粮食放入臼中，用杵对粮食进行敲打，可以捣碎坚硬的谷物或种子。

4.2　水磨

水磨是用水力带动的石磨（见图 4-2）。它用石头制成，分为上下两片，呈圆形，上片比下片更厚，两片接合处，刻有相反的螺旋纹，中间贯穿一个金属立轴；上磨盘悬吊于支架上，下磨盘安装在转轴上，转轴另一端装有水轮盘，利用水的势能带动下磨盘的转动，通过下磨盘的转动，达到粉碎谷物的目的。为了加大摩擦力，在磨的上下磨盘接触面凿出很多沟槽，使其高低不平。磨的上层另开一个或者两个通孔，俗称“磨眼”，待加工谷物由磨眼漏下，到上下磨盘接触处磨碎。加工后的谷物由上下磨盘的夹缝流到磨架上，即可得到面粉了。

图 4-2　水磨

4.3 舟磨

舟磨是将石磨安装于舟船中部，利用水流冲击置于船下的水轮，以水轮带动石磨运作（见图 4-3）。它由置于中间的大水轮和两边的石磨组成，中间水轮两侧各连接一个四周装有木棍的圆盘，当水轮转动时带动两边圆盘转动，四周的木棍可带动石磨的上片转动，从而达到粉碎谷物的目的。它成功地利用了水流的力量，实现了磨在原动力方面的突破。

图 4-3 舟磨

4.4 水碓

水碓是利用水力舂米的工具（见图 4-4）。其动力机械是一个大的立式水轮，轮上装有若干板叶，转轴上装有一些彼此错开的拨板，拨板用来拨动碓杆。每个碓用柱子架起一根木杆，杆的一端装一块圆锥形石头。下面的石臼里放上准备加工的谷物。流水冲击水轮使它转动，轴上的拨板臼拨动碓杆的梢，使碓头一起一落地进行舂米。利用水碓，可以日夜加工谷物。凡在溪流江河的岸边都可以设置水碓，还可根据水势大小设置多个水碓。设置两个以上的叫作连机碓即连机水碓，最常用的是设置四个碓。

图 4-4　水碓

4.5　风扇车

风扇车是一种能产生风或气流的工具（见图 4-5），由人力驱动，用于清选谷物。它的组成是，在一个轮轴上安装若干扇叶，转动轮轴就可产生强气流。西汉时期长安有名的机械师丁缓发明了“七轮扇”，在一个轮轴上装有七个扇轮，转动轮轴则七个扇轮都旋转鼓风。《武经总要前集》中绘有一个以轴上曲柄转动的风扇车。王祯《农书》所绘的风扇车，轮轴上也装曲柄连杆，脚踏连杆可使轮轴转动。以上所述风扇车都是开放式风扇车，没有特设的风道，因此风扇产生的风是向四面流动的。

图 4-5　风扇车

故事 5

绣成安向春园里，引得黄莺下柳条

观郑州崔郎中诸妓绣样（咏绣障）

【唐】胡令能

日暮堂前花蕊娇，争拈小笔上床描。
绣成安向春园里，引得黄莺下柳条。

作者简介

胡令能（785—826 年），唐代诗人，河南郑州中牟县人，年轻时以修补锅碗盆缸为生，人称“胡钉铰”。传说他梦人剖其腹，以一卷书内之，遂能吟咏。现存作品有《小儿垂钓》《喜韩少府见访》《王昭君》《观郑州崔郎中诸妓绣样》(《咏绣障》)。

诗句涵义

傍晚时分，堂屋前面的花朵开得鲜艳美丽，纺织女工们拿着描花的彩笔，精心地把花朵描在绷着绣布的绣架上。绣成的屏风摆放在春天的花园里，因绣得精巧逼真，竟引逗得黄莺飞下柳条，向着绣障中的花间飞来。这首诗赞美了刺绣女工们刺绣技艺的高超。

故事 5

绣成安向春园里，引得黄莺下柳条

唐代诗人胡令能的《观郑州崔郎中诸妓绣样》(《咏绣障》）一诗描写出古代刺绣女工们刺绣技艺的高超，也从侧面反映出中国古代纺织水平的高超，惟妙雉肖地赞美了刺绣。

刺绣是用针线在织物上绣制的各种装饰图案的总称。它是用针将丝线或其他纤维、纱线以一定图案和色彩在绣料上穿刺，以绣迹构成花纹的装饰织物，分丝线刺绣和羽毛刺绣两种，是中国民间传统手工艺之一，在中国至少有二三千年的历史。中国刺绣主要有苏绣、湘绣、蜀绣和粤绣四大门类。刺绣的技法有：错针绣、乱针绣、网绣、满地绣、锁丝、纳丝、纳锦、平金、影金、盘金、铺绒、刮绒、戳纱、洒线、挑花等。

中国古代纺织水平领先世界的主要原因有两个，一是纺织技术领先，二是纺织机械领先。

5.1 纺织技术

最原始的织布技术是“手经指挂”，完全徒手排好直的经纱，然后一根隔

一根地挑起经纱穿入横的纬纱。到新石器时期后期，出现织机，使人类真正解决了穿衣问题，并进入纺织品时代。

夏代以后直到春秋战国，纺织组合工具经过长期改进，演变成原始的缫车、纺车、织机等手工纺织机器，劳动生产率大幅度提高。有一部分纺织品生产者逐渐专业化，手艺日益精湛。商、周两代，丝织技术突出发展。到春秋战国，缫车、纺车、脚踏斜织机等手工机器和腰机挑花以及多综提花等织花方法均已出现。多样化的织纹加上丰富的色彩，使丝织物成为远近闻名的高贵衣料。这是手工机器纺织从萌芽到形成的阶段。与此同时，人们在原始腰机的基础上，使用了机架、综框、辘轳和踏板，形成了脚踏提综的斜织机。织工的双手被解脱出来，用于引纬和打纬，从而促进了引纬和打纬工具的革新。中国六朝（孙吴、东晋、南朝宋、南朝齐、南朝梁、南朝陈）以前的提花织物，大多以彩色经线显出花纹，花型可以大到横贯全幅，但纬线循环则较少，呈横阔的长方形。

用彩色纬线显出花纹的方法在秦以前已经出现。缫车、纺车、络纱、整经工具以及脚踏斜织机等手工纺织机器已经广泛采用，多综多蹑（踏板）织机也已相当完善，束综提花机也已产生，能织出大型花纹。西汉时最复杂的花机综、蹑数达到 120。由长沙马王堆出土的西汉时期的乘云锦可见当时纺织水平之高（见图 5-1）。三国时马钧发明了两蹑合控一综的“组合提综法”，用 12 条蹑可控制 60 多片综运动。由于综框数量受到织机空间的限制，织花范围还不能很大。于是起源于战国至秦汉的束综提花获得推广。汉代的织成和缂毛是运用彩纬在地经纬上来回织出花纹，称作“回纬织法”。

唐代，织成与缂毛技法相结合，出现了只有彩纬往复而省去通纬，使花纹如同刻出来一般的缂丝，用于复制书画。唐代中期以后，用通幅彩纬显出花纹的织法逐渐推广。此后还发展出显示无级层次彩色条纹的“晕”织法，采用了回纬织法的织成，后来又发展成为妆花缎，以缎纹起花织入回纬，夹入金银线，使织品富丽堂皇。唐代以后，随着重型打纬机的出现和多色大花的需要，纬显花的织法逐步占了优势。多综多蹑和束综提花相结合，使织物花纹更加丰富多彩。如图 5-2 所示，陕西扶风法门寺地宫出土的唐代丝织品紫红罗地蹙金绣半袖和裙子等，代表了当时唐代宫廷丝织业的最高水平。

图 5-1　长沙马王堆出土的西汉时期的乘云锦

图 5-2　扶风法门寺地宫出土的唐代丝织品紫红罗地蹙金绣半袖和裙子

宋代以后出现多锭大纺车，束综与多综多蹑结合的花本提花机是一种利用自然动力的“水转大纺车”。纺、织、染、整工艺日趋成熟，手工纺织机器发展达到了一个高峰。织品花色繁多，现在所知的主要织物组织（平纹、斜纹和缎纹）到宋代已经全部出现。丝织物不但一直保持高档品的地位，而且还不断出现以供观赏为主的工艺美术织品。北宋缂丝紫地花卉鸾鹊纺织物（见图 5-3）和南宋花边单对襟衣（见图 5-4）都是比较有代表性的宋代丝织品。

图 5-3　北宋缂丝紫地花卉鸾鹊纺织物

图 5-4　南宋花边单对襟衣

元、明两代，棉纺织技术发展迅速，人民日常衣着由麻布逐步改用棉布。这时到了手工机器纺织的发展阶段。明代棉布产量较多，除自足之外还可出口。清代后期，“松江大布”“南京紫花布”等名噪一时，成为棉布中的精品。但是，明清时代的棉纺织业主要还是以农户分散生产为主，比较大的工场——机房，大多出在丝织业。

5.2　纺织机械

古代纺织机械大体分为两类：纺纱机械和织造机械。纺纱机械是指将羊毛、蚕丝、棉花等原材料加工成各种纱线的纺织机械，代表作是水转大纺车、脚踏缫车；织造机械是指将纱线进一步加工为布料或者成衣的纺织机械，代表作是踞织机、斜织机、提花机。

（1）水转大纺车

纺车从被发明开始就在一直在改进着，驱动方式从手摇发展到了脚踏，锭子数也在不断增加。到了宋朝，用原有的手摇纺车和脚踏纺车纺纱已经不能满足市场需要和专业化生产的需求，如何提高纺纱生产率成为社会的一个亟待解决的技术问题，于是在各种传世纺纱机具的基础之上，逐渐产生了一种拥有几十个锭子的纺麻大纺车。它的出现时间可能在北宋或更早一些，如图 5-5 所示。

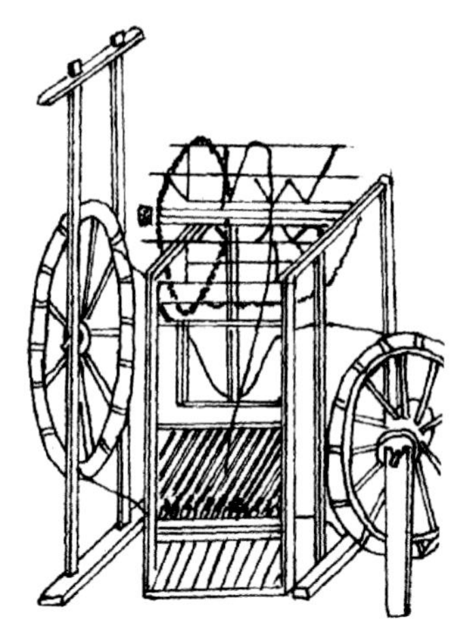

图 5-5　纺麻大纺车

在纺麻大纺车的基础上产生的水转大纺车也称水力大纺车，是宋代出现的一项重要发明。它由自然力代替人力，工作原理可从图 5-6 看出，利用水力驱动水轮及长轴，同时驱动了装在轴上的大绳轮，再通过绳带动 30 个锭子一起旋转纺纱。

图 5-6 《农书》上记载的水转大纺车

在王祯的《农书》中，对水转大纺车的结构有简要记载，指明其在“中原麻苎之乡”，推广很快。水转大纺车既方便又省力，效率极高，可以“昼夜纺绩百斤”。例如《农书》中有诗讴歌水转大纺车：“车纺工多日百觔，更凭水力捷如神。世间麻苎乡中地，好就临流置此轮。”

（2）脚踏缫车

据推测，脚踏缫车在汉代已经出现，人们可能在脚踏织机的启发下，开始尝试在手摇缫车上装配脚踏机构，改进传动机构，以提高缫丝功效。于是就发明了功效更高的脚踏缫车，后发展至明清时期。脚踏缫车的传动机构是，在手摇缫车的手摇曲柄处活套一根水平连杆，水平连杆的另一端活套在另一根垂直连杆的短圆榫上，而踏板则活套在一根固定的水平短轴上，如图 5-7 所示。使用脚踏踏板，垂直连杆即以水平短轴为轴心来回摆动，带动水平连杆做前后往复运动，从而推动曲柄运转丝軠，丝軠在惯性作用下连续回转。脚踏缫车只需一人操作，缫工可坐着操作，手脚并用，独自完成索绪、添绪、转动丝軠几套工序，使用脚踏传动比手摇传动效率高。利用脚踏缫车缫丝如图 5-8 所示。

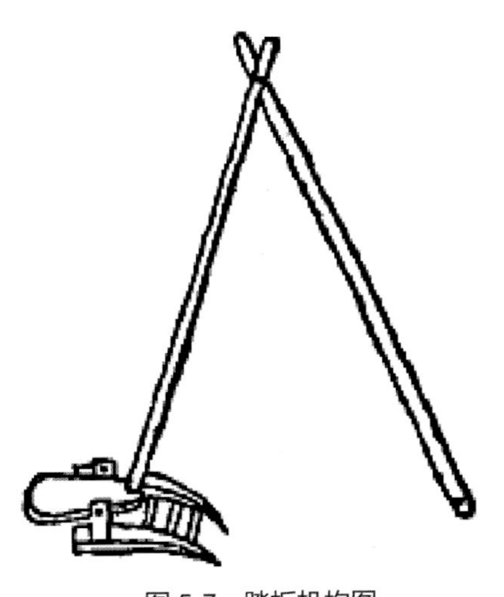

图 5-7　踏板机构图

5-8　缫丝（治丝）图

首次明确记载脚踏缫车的古文献是南宋时的《蚕织图》，然后是元司农司于至元十年（1273 年）编著的《农桑辑要》，其后是王祯于元贞元年至大德四年（1295—1300 年）间撰写的《农书》。《农书》不仅对脚踏缫车的脚踏机构有明确的文字说明，而且绘制了带脚踏机构的缫车。

（3）踞织机（腰机）

原始的织机是席地而坐的踞织机，又称腰机，如图 5-9 所示。与传统认知的织布机不同，这种踞织机没有机架，前后两根横木，卷布轴的一端系于腰间，双足蹬住另一端的经轴并张紧织物，以人来代替支架，如图 5-10 所示，腰机之名由此而来。

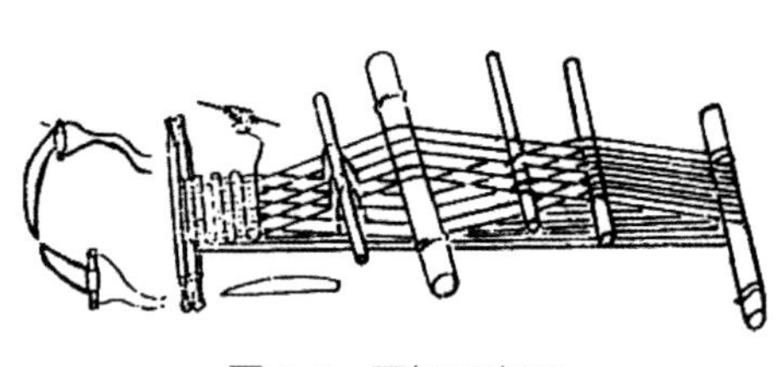
图 5-9　腰机示意图

图 5-10　原始腰机使用示意图

（4）斜织机

随着生产力的发展，织布机从踞织机发展到斜织机，斜织机的经面与水平面夹角为 50°～60°，故其名字里含有一个“斜”字；又因为这种织机的机架水平放置，所以也称平织机。斜织机的出现至少可以追溯到战国时代，到汉代时已广泛使用，从汉画像石上常能见到斜织机。现已把斜织机的形象复原出来，如图 5-11 所示，操作人端坐机前，可以方便地看到经

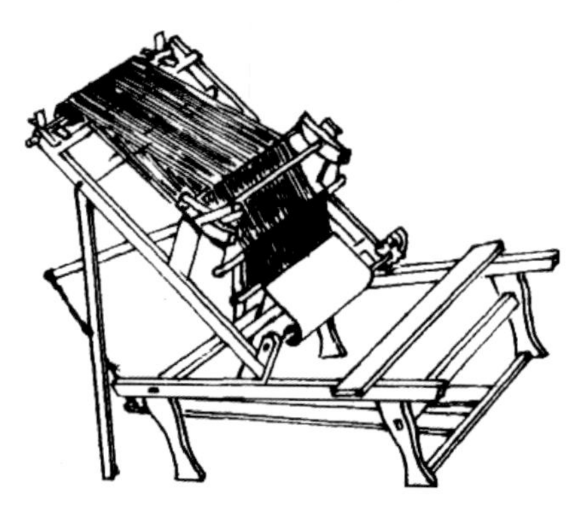
图 5-11　斜织机复原图

面的情况，使用双脚和双手同时操作，织布的速度、质量都有提高。

（5）提花机

秦朝是中国第一个大一统王朝，生产力发展空前，人们对生活质量的需求也日渐提高。提花技术出现的年代可能在汉代前，随着提花技术的发展，汉代的提花织物已很成熟，逐渐变得复杂、美观。

织布工艺的改进促进了织布机的发展，由斜织机发展到提花机，织出的花纹组织也越来越复杂、丰富。提花机出现于东汉，又称“花楼”，是我国古代织造技术最高成就的代表。它用线制花本贮存提花程序，再用衢线牵引经丝开口。花本是提花机上贮存纹样信息的一套程序，由代表经线的脚子线和代表纬线的耳子线根据纹样要求编织而成。上机时，脚子线与提升经线的纤线相连，此时，拉动耳子线一侧的脚子线就可以起到提升相关经线的作用。织造时上下两人配合，一人为挽花工，坐在三尺高的花楼上挽花提综，一人踏杆引纬织造。图 5-12 所示为《天工开物》记载的提花机。

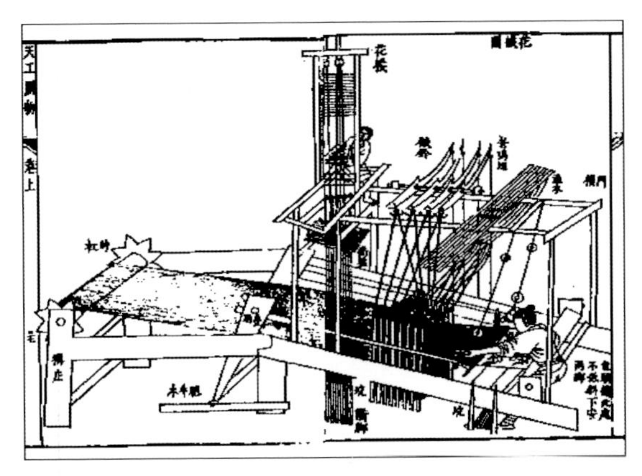

图 5-12 《天工开物》记载的提花机

在东汉王逸的《机妇赋》中，对当时的提花机的结构作了较详细的阐述：“胜复回转，剋像乾形，大匡淡泊，拟则川平。光为日月，盖取昭明。三轴列布，上法台星。两骥齐首，俨若将征。方员绮错，极妙穷奇。虫禽品兽，物有其宜。兔耳跧伏，若安若危。猛犬相守，窜身匿蹄。高楼双峙，下临清池。游鱼衔饵，瀺灂其陂。鹿卢并起，纤缴俱垂。宛若星图，屈伸推移。一往一来，匪劳匪疲。”

通过上述文字描述可以看出当时提花机的构件分别为：胜，即经轴；复，是卷布轴；大匡，指经面；光，为综纩；日月，指用两片地综交替；三轴，指经轴、卷轴和承受花本的轴；两骥，是支承地综的架子；猛犬，比喻打纬用筘相连的木架子；高楼，支承花本和转轴的高架；游鱼，比喻的是梭子；鹿卢，指与转轴相连的花本，类似竹笼机上的竹笼；星图，花本变化。用提花机可以织出复杂多变的美丽花纹，图 5-13 和图 5-14 所示分别是大提花机和小提花机想象图。

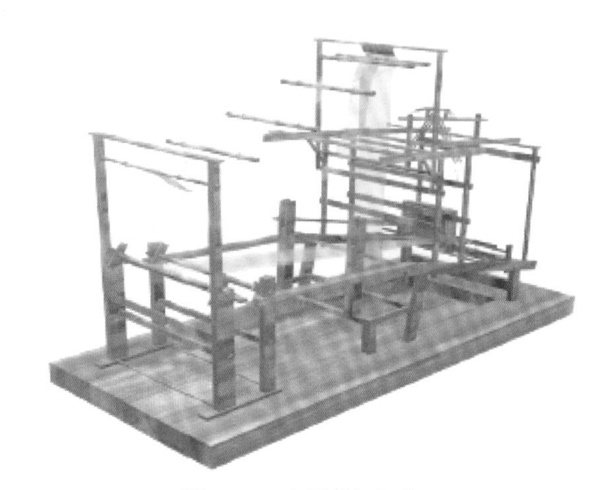

图 5-13　大提花机想象图

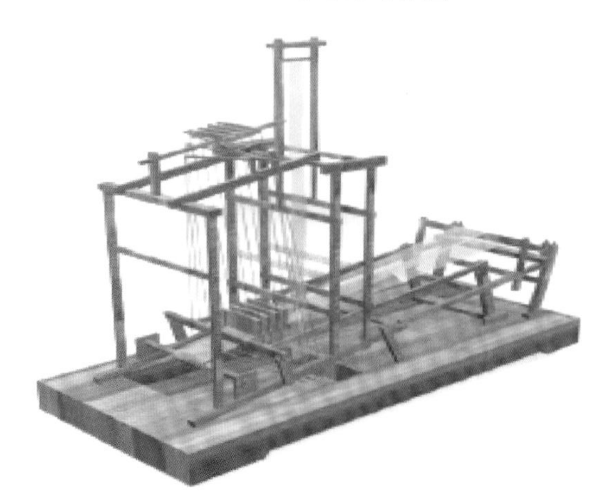

图 5-14　小提花机想象图

故事6

崖州布被五色缫，组雾紃云粲花草

黄道婆祠诗序

【元】王逢

前闻黄四娘，后称宋五嫂。

道婆异流辈，不肯崖州老。

崖州布被五色缫，组雾紃云粲花草。

片帆鲸海得风归，千柚乌泾夺天造。

作者简介

王逢，字原吉，号最闲园丁、最贤园丁，又称梧溪子、席帽山人，江阴（今江苏江阴）人，元明之际诗人。著有《梧溪集》《杜诗本义》《诗经讲说》。

诗句涵义

这一诗序描述了黄道婆的生平，咏颂了她在纺织方面的业绩。“崖州布被五色缫，组雾紃云粲花草。”生动地描写出黎族崖州被上面绣有折枝、团凤、棋局、字样等花纹，鲜艳如画。

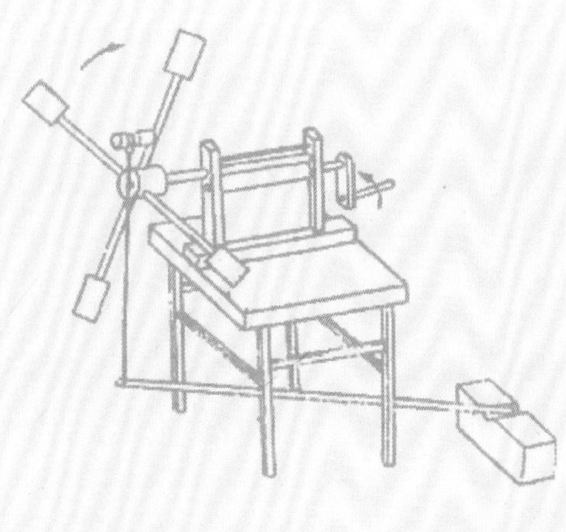

故事 6

崖州布被五色缫，组雾紃云粲花草

从夏代起到春秋战国时期，皮、革、丝、麻成为主要的纺织原料。汉代的民间织物，大量是麻、葛，大宗的丝绸在官府手工业作坊生产。南宋后期，一年生棉花在内地的种植技术有了突破，棉花在全国广大地区逐渐普及。棉纺织生产突出发展，到明代已超过麻纺织而占据主导地位，葛已趋于淘汰。

元代元贞年间，黄道婆自海南岛回到江苏松江的乌泥泾传授黎族的棉纺技术，如图 6-1 所示，汉族的棉纺织业逐步发展起来。明代是中国手工棉纺织业最兴盛的时期。江南三织造包括南京、苏州和杭州的织造局（或称织造府），它们生产的织物供皇室和政府使用。清代官营织造的纺织品，以康熙、雍正、乾隆时期较为出色，其中的仿古织物工细胜于前期。

元代文学家陶宗仪的《南村辍耕录》(简称《辍耕录》) 讲到，黄道婆返回故里后，教家乡人民“做造捍、弹、纺、织之具”。捍、弹、纺、织概括了整个棉花初加工和纺织过程，并分别代表了四个主要工艺。

元代诗人王逢的《黄道婆祠诗序》咏颂了黄道婆在纺织方面的业绩。黄道婆借鉴我国传统的丝织技术，汲取黎族人民织“崖州被”的长处，研究错纱配色、综线挈花等棉织技术，改良纺织技术和纺织机械后织出的“乌泥泾

被”驰名全国。

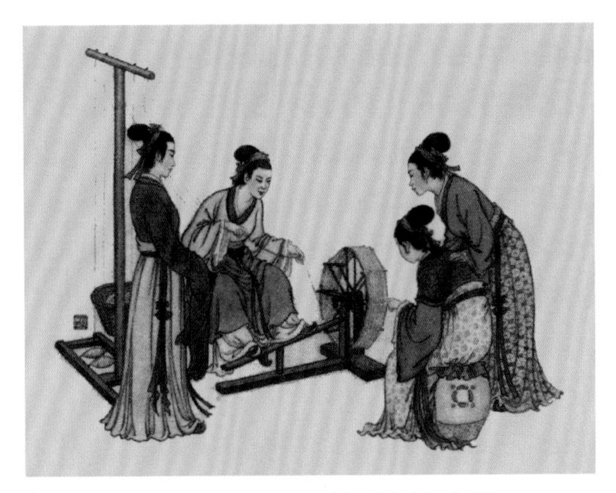

图 6-1　黄道婆传授纺织技术想象图

6.1　轧棉机械的改进

《辍耕录》中较细致地描述了捍、弹方法和工具的变革，即用踏车（脚踏搅车的简称，搅车也称轧车）轧去棉子代替了手剖去子，用椎击弦的大弓代替了线弦竹弧的小弓进行弹棉，如图 6-2 所示。踏车是一种有脚踏机构的轧棉机。手工轧棉机最早出现在元代王祯《农书》的农器图谱十九中，如图 6-3 所示的搅车；明代徐光启《农政全书》中的搅车是四足手摇脚踏式，有脚踏机构和手摇机构，可一人操作，如图 6-4 所示。

搅车在木架的上部有两根轴，上方的一根为铁轴，表面很粗糙，便于“抓住”棉花，下面的那根为木轴，棉花即从这两根轴间通过，将棉粒挤压掉。操作人员站在搅车旁，一人向两轴间不断送棉，另一人摇动手柄，使木轴不停地转动。同时踩动脚下的摇杆，通过连杆带动十字形木架旋转，木架的轴芯就连着铁轴，在十字形木架的外端，装有一块重木块，使十字形木架转动起来如同飞轮，转动惯量较大。人的脚只能在向下蹬时施力，脚向上时并没有力作用到十字形木架上，因而木架只间歇受力，为保证十字形木架连续运转，就必须加大转动惯量，古代的这一发明十分高明。

图 6-2 弹棉椎弓

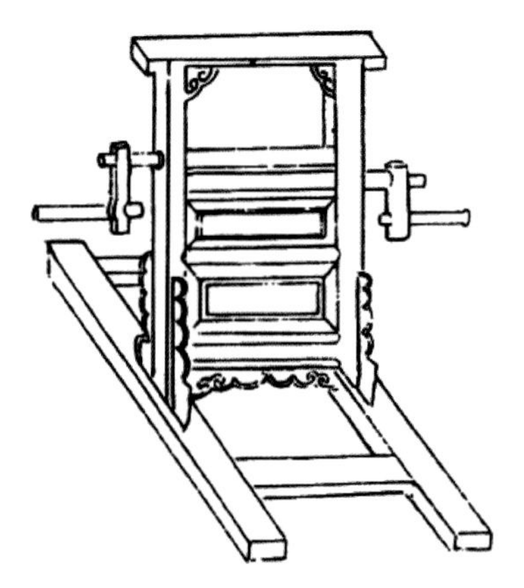

图 6-3 《农书》记载的搅车

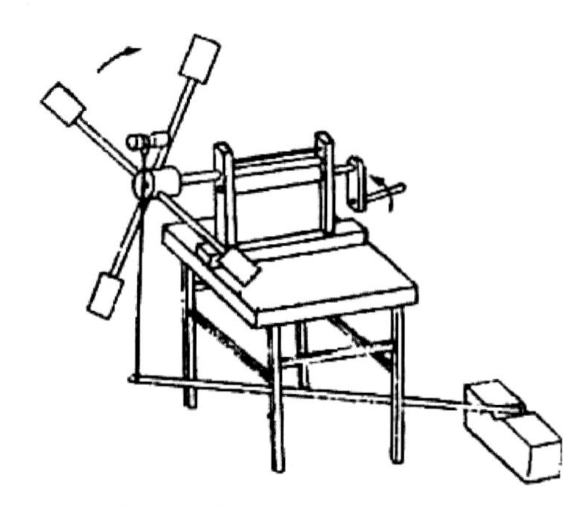

图 6-4 《农政全书》记载的搅车

清代褚华在《沪城备考》中有关于黄道婆的描述，“元元贞间，携踏车椎弓归；教人以杆弹纺织之法，而木棉之利始传。”这段文字与《辍耕录》所讲是有所不同的。综合元明清历代文献，可以认为，黄道婆在推广使用轧棉机上做出了贡献，可能是她带回了踏车，进行仿制和推广，或是创制了踏车。

6.2 人力纺车机械的改进

后世许多文献和传说、歌谣中均有对黄道婆发明的脚踏式三锭木棉纺车——黄道婆纺车的描述。

纺车是采用纤维材料如毛、棉等原料，通过人力机械传动，利用旋转抽丝延长的工艺生产线或纱的设备。用纺车纺纱时，由于人手每次搓捻锤杆的力量有大有小，使得纺锤的旋转速度时快时慢，纺出的纱线极不均匀，而且用手搓动锤杆一次，纺锤只能运转很短的一段时间。随着织造工序对纱线需求的骤增，纺锤效率低的缺点越来越明显，使得人们不得不创造新的纺纱工具来替代，在人们实践中手摇纺车便应运而生了，如图 6-5 所示。

图 6-5 立式手摇纺车

脚踏纺车是在手摇纺车的基础发展起来的，和手摇纺车的功能虽然相同，但在结构上有了改进，其原动力来源于脚而不是手。脚踏纺车的最早出现时间还有待考察，现在能见到的文献中有关它的最早记载是，公元 4 到 5 世纪东晋著名画家顾恺之为刘向《列女传·鲁寡陶婴》画的配图，如图 6-6 所示。这样可以推测，供并捻丝、麻纺车在汉代就应该得到了一定的应用。木棉纺车与供并捻丝、麻纺车之间的差别在于，是否对纤维束进行抽长拉细的牵伸。木棉纺车在纺纱时，要使一丛纤维牵伸成匀细的纤维缕，同时进行加捻，在加捻时又使之匀细。黄道婆在创制脚踏木棉纺车时，是从改革原来供并捻丝、麻纺车的轮径着手并取得成功的。王祯在《农书》卷二十一中绘有木棉纺车图，并把它与供并捻丝、麻纺车加以比较。书中这样描绘木棉纺车："其制比苎麻纺车颇小，夫轮动弦转箰䉶随之转，纺人左手握其棉筒，不过二三，绩于箰䉶，牵引渐长，右手均捻，俱成紧缕，就绕䉶车上。"这种脚踏木棉纺车，轻巧省力，功效倍增。这是黄道婆对棉纺织工具革新上的最重要的贡献。

图 6-6 《列女传 · 鲁寡陶婴》记载的脚踏纺车

在脚踏式三锭木棉纺车（见图 6-7）的基础上还发展出五锭木棉纺车（见图 6-8）。

图 6-7 三锭木棉纺车

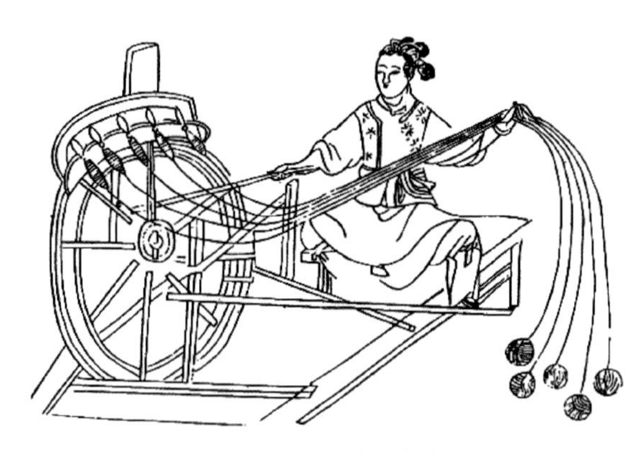

图 6-8 五锭木棉纺车

故事 7

银丝抽绎比清霜，虚室堆床生白光

缫丝曲

【清】陈景钟

三春雨足桑叶肥，家家饲蚕昼掩扉。三眠三起近小满，桑葚垂垂叶已稀。

盼得红蚕齐上箔，更喜同功茧不薄。大妇收拾缫丝车，小妇安排汤满镬。

银丝抽绎比清霜，虚室堆床生白光。哑哑轧轧声不绝，绿阴低处新丝香。

小姑回头笑问嫂，转眼相看织成缟。茜红鸭绿染随心，长剪腰裙短裁袄。

嫂云小姑尔未知，阿哥正苦卖丝迟。明朝抱入城中去，已值官粮征比时。

作者简介

陈景钟，字几山，号墨樵，今杭州人，乾隆六年（1741 年）举人。

诗句涵义

作者绘声绘色地描写出养蚕缫丝的情景，其中的“银丝抽绎比清霜，虚室堆床生白光”更是生动形象地描绘出蚕丝的清白纯正。

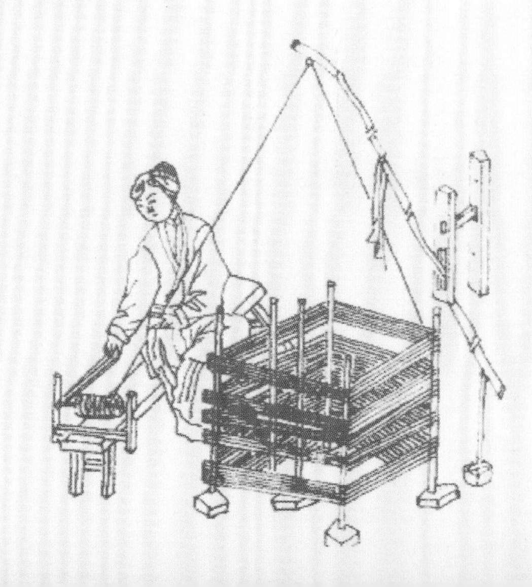

故事 7

银丝抽绎比清霜，虚室堆床生白光

清代陈景钟的《缫丝曲》绘声绘色地描写出养蚕缫丝的情景，生动形象地描绘出蚕丝的清白纯正。

将蚕茧抽出蚕丝的工艺概称缫丝。原始的缫丝方法是，将蚕茧浸在热盆汤中，用手抽丝，卷绕于丝筐上。盆、筐就是原始的缫丝器具。汉族劳动人民发明了养蚕缫丝、织绸刺绣的技术。这方面的发明，应归功于汉族妇女。传说黄帝之妻、西陵氏之女嫘祖，教民育蚕，治丝茧，以供衣服。距今约7000—5000 年前的仰韶文化遗址中已经出土纺轮，用来纺丝和麻。汉代发明纺车，初为缫丝卷线，后来用于纺棉，13 世纪传入欧洲。

7.1 缫车

缫车发明以前，缫丝时的绕丝工具，最初大概只是简单的 H 形架子，战国时改进成辘轳式的缫丝軠。缫丝軠是手摇缫车的雏形，用竹制成，四角或六角，用短辐交互连接，中贯以轴，使用时放在缫釜上面，直接拔动使之不断回转，将缫釜中引出的丝条直接缠绕在軠框上。秦汉以后，成形的手摇缫

车才出现。唐代手摇缫车的使用已相当普遍。宋代手摇缫车得到进一步完善，并出现了有关具体形制的记载。元代初年，生产效率较手摇缫车高出许多的脚踏缫车开始出现，手摇缫车在各地的使用日渐减少，但由于它结构简单，易于操作，有的地方仍在沿用，如图7-1所示为清代《豳风广义》记载的手摇缫车。

图7-1　《豳风广义》记载的手摇缫车

脚踏缫车出现在宋代，是在手摇缫车的基础上发展起来的，其出现标志着古代缫丝机具的新成就。脚踏缫车与手摇缫车相比，只是多了脚踏装置，即丝軖通过曲柄连杆和脚踏杆相连，丝軖转动不是用手拨动，而是用脚踏动踏杆做上下往复运动，通过连杆使丝軖曲柄做回转运动，利用丝軖回转时的惯性，使其连续回转，带动整台缫车运动。用脚代替手，使缫丝者可以用两只手来进行索绪、添绪等工作，从而大大提高了生产力。元代脚踏缫车有南北两种形制，如图7-2和图7-3所示。

图 7-2 《农书》记载的南缫车

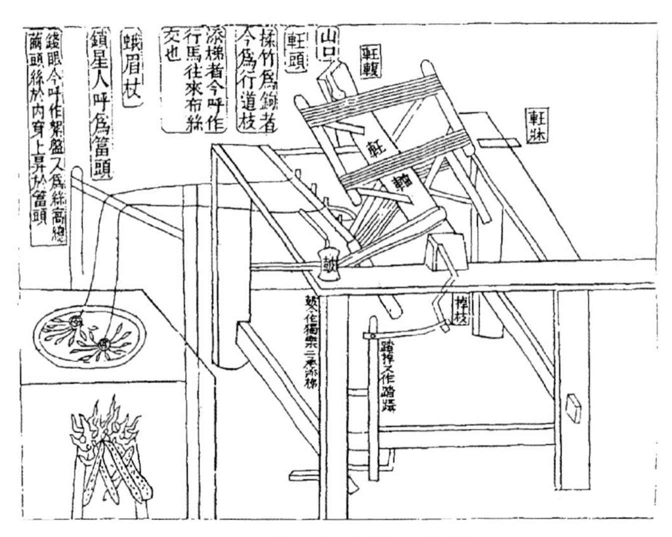

图 7-3 《农书》记载的北缫车

在明代又出现了一种坐式脚踏缫车，这种车缫丝者是坐于车前、面对丝軠工作的，克服了元代缫车的缺陷。

7.2 络车

络车是将缫车上脱下的丝绞转络到丝籰上的机具，有南、北络车之分，如图 7-4 和图 7-5 所示。其中丝籰是古代的络丝工具，其作用相当于现代卷

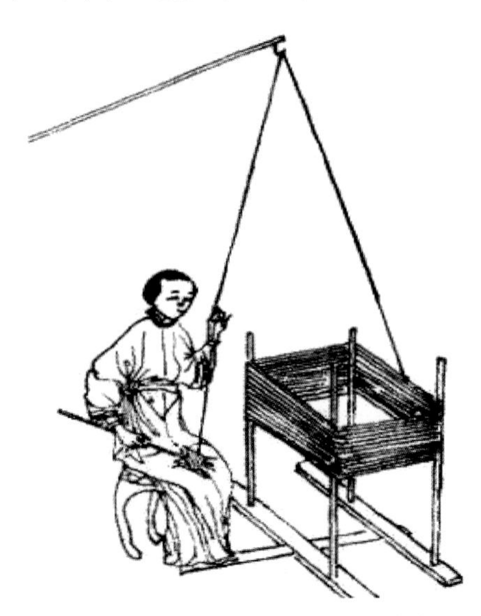

图 7-4 《农政全书》记载的南络车

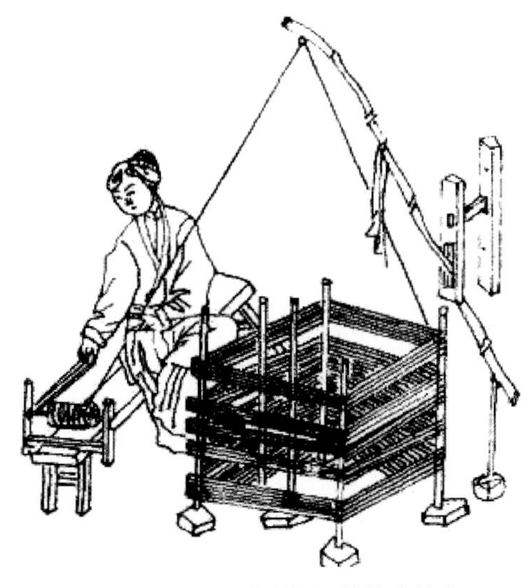

图 7-5 《蚕桑萃编》记载的北络车

绕丝绪的筒管，但两者的形制是完全不同的。络车的结构和用法是 2 或 6 根竹箸由短辐交互连成，中贯以轴，手持轴柄，用手指推籰使之转动，便可将丝线绕于籰上。这虽是一种简单的机械，但它的发明大大加速了牵经络纬的速度。

王祯《农书》对北络车的构造和用法记载得比较详细，宋应星《天工开物》则对南络车的构造和用法记载得较具体。

对比两书记载，南、北络车都使用张丝的“柅”和卷绕丝线的“籰”，但丝上籰的方式两者大不相同。北络车是用右手牵绳掉籰，左手理丝，绕到籰上；南络车则是用右手抛籰，左手理丝，绕到籰上。由于北络车转籰动作采取了机械方式，丝籰旋转速度快而稳，所以它的生产效率和络丝质量远较南络车为优，古人所谓“南人掉籰取丝，终不若络车安而稳也”的评论，正是对此而言的。

7.3 整经工具

整经是织造前必不可少的工序之一，其作用是将许多籰子上的丝，按需要的长度和幅度，平行排列，卷绕在经轴上，以便穿筘、上浆、就织。古代整经用的工具叫经架、经具或纼床，整经形式分经耙式和轴架式两种。

经耙式整经是古代整经的主要形式，它出现的年代虽然较早，但有关的图文记载是在元代及以后才有的。根据这些记载，经耙式整经工具的整体结构大致由溜眼、掌扇、经耙、经牙、印架等几部分结合而成，如图 7-6 所示。溜眼为竹棍上穿的孔，作导丝用；掌扇为分交用的经牌，也称“扇面”，近似现代的分交筘；经耙为钉着竹钉或木桩的牵经架子；经牙为架子上的竹钉，其数量多少视整经长度而定，经轴上经线卷绕长度长，经牙就要多；印架为卷经用的架子。整经时，首先排列许多丝籰于溜眼的下面，把丝籰上的丝分

别穿过溜眼和掌扇，而总于牵经人之手。整理就绪，再交给另一牵经人，后一牵经人来回交叉地把丝缕挂于经耙两边的经牙上。直到达到需要的长度后，将丝缕取下，卷在印架上。卷好以后，中间用两根竹杆把丝分成上下两层，然后穿过梳筘与经轴相系，如要浆丝，就在此时进行，如不浆丝，就直接卷在经轴上。古代这种经耙式整经方式与近代分条整经十分相似，因此很可能它就是分条整经的前身。

图 7-6 《天工开物》记载的经耙式整经

轴架式整经工具始见于南宋楼璹的《耕织图》中，该书所载图文虽简单，但表明南宋时这种整经工具就已经在使用了。其后元代的《农书》、明代的《农政全书》、清代的《豳风广义》等一些书记载得较为详尽，使人们可以知道它的全貌。根据这些书的记载，轴架式整经是将丝籰整齐排列在一个有小环的横木下，引出丝绪穿过小环和掌扇，绕在经架上（经架的形制是两柱之间架一大丝框，框轴固连一手柄）。一人转动经架上的手柄，另一人用掌扇理通纽结经丝，使丝均匀地绕在大丝框上后，再翻卷在经轴上，如图 7-7 所示。这种经具与经耙式整经工具相比，不仅产量高、质量有保证，而且对棉、毛、丝、麻等纤维都适用，故一直习用至近代。它的工作原理与近代大圆框式的自动整经机完全一致。

图 7-7 《农书》记载的轴架式整经

故事 8

炉火照天地，红星乱紫烟

秋浦歌十七首·其十四

【唐】李白

炉火照天地，红星乱紫烟。

赧郎明月夜，歌曲动寒川。

作者简介

李白（701—762 年），字太白，号青莲居士，又号谪仙人，唐代伟大的浪漫主义诗人，被誉为诗仙。作品收录在《李太白集》中，代表作有《望庐山瀑布》《行路难》《蜀道难》《将进酒》《明堂赋》《早发白帝城》等。

诗句涵义

“炉火照天地，红星乱紫烟”，描写了炉火熊熊燃烧，红星四溅，紫烟蒸腾，广袤的天地被红彤彤的炉火照得通明。“赧郎明月夜，歌曲动寒川”，转入对冶炼工人形象的描绘。这首诗形象地描写出我国古代冶金的场景，寥寥数语却生动形象地勾勒出一幅栩栩如生的画面。

故事 8

炉火照天地，红星乱紫烟

李白的诗《秋浦歌十七首·其十四》形象地描写出我国古代冶金的场景，寥寥数语却生动形象地勾勒出一幅栩栩如生的画面。正是由于鼓风设备的正常工作，才使得上述冶炼场景出现在李白的诗中。

有风就有铁，鼓风设备一向是冶金技术发展的重要装备，尤其在其他问题已得到解决时，鼓风就成为冶金技术发展的关键。冶金依靠强制鼓风，其中使用的鼓风设备非常重要。鼓风设备是风管及产生风的设备，最早可能用人力吹风或扇风。鼓风技术的进步对冶金业的发展起到了重大的推动作用。鼓风设备的发展过程应是：橐→木扇风箱→活塞风箱→风机。

8.1 橐

夏商周时期最先进的鼓风设备为橐（tuó），由古籍记载及现代有些地方仍在使用中的橐的结构可以知道：橐是用羊皮、马皮或牛皮制作的，很像一个大皮囊，上有把手，用手掌握，使皮橐开合鼓风。橐上有两个风口，一个进风，一个出风；进风口与外面连通，出风口用风管与冶炉相联，把风送入冶炼炉中。现已在多处发现殷商时的陶质风管。《老子》上说橐很像当时的一

种竹管吹奏乐器，也有古籍上说橐像骆驼峰，这都有助于人们推断它的样子。古代把鼓动皮橐的操作称为“鼓”，把冶炼铸造称为“鼓铸”。现在发现有汉代画像石上的橐（见图 8-1），可以看到橐的形状及工作情况。后来，中国国家博物馆将其复原出来，如 8-2 所示，只是图中所示的橐是用于锻打的。为了提高炉温，加大送入炉内的风量，有时将橐做得很大。商周时期，鼓风设备是由人力驱动的。

图 8-1　山东滕州汉代画像石上的橐

图 8-2　中国国家博物馆复原的橐

8.2 水排

汉代出现的水排是一种以水力为动力的冶金鼓风设备，也是中国古代的一项杰出发明。关于水排的发明，《后汉书》及《东观汉记》上都有记载：建武七年（31 年）时，杜诗任河南南阳太守，曾“造作水排”“用力少，见功多，百姓便之”。这一发明约早于欧洲 1100 年。

水排以水为动力，通过传动机械，使皮制鼓风囊或木扇开合，将空气送入冶铁炉，铸造农具。从水排的鼓风结构可知，水排只能间隙鼓风，为了增加送风的时间，必须同时使用较多的水排来鼓风，或必须成排使用，因而称之为“水排”。从后来的壁画、绘画上有时也能看到鼓风器成排使用的情况。

关于水排的结构，元代王祯《农书》上有较详的记载。书中介绍了两种水排，可分别称为卧轮式水排和立轮式水排，并对卧轮式水排绘图（见图 8-3）予以说明。卧轮式水排的工作原理：先由水流冲动装在主轴下部的卧式水轮；通过立轴使其上部的大绳轮同时转动，再通过绳索使小绳轮随之转动；由小绳轮端面上的偏心，通过连杆及曲柄，带动一卧轴往复回转；再通过卧轴上的另一曲柄，推动另一连杆，这个连杆的另一侧连接着木扇门，即带动木扇门开合，从而向炉内鼓风，如今复原的卧轮式水排如图 8-4 所示。

图 8-3 《农书》记载的卧轮式水排

图 8-4 卧轮式水排想象复原图

书中没有绘出立轮式水排的图形，只有简要的文字叙述，后人只能通过研究来进行推测，其结构大致如图 8-5 所示。立轮式水排上的立式水轮装在卧轴上，水轮及卧轴转动；再由卧轴上的凸轮（拐木）推动从动件（偃木）；从动件再通过连杆（木簨）带动木扇门开合向炉内鼓风。秋千的作用是稳定从动件及连杆的动作，而硬竹片（劲竹）及绳索（攀索）的作用是借助硬竹片的弹力，使从动件、连杆恢复到原来位置，在空回行程帮助立轮式水排复原。

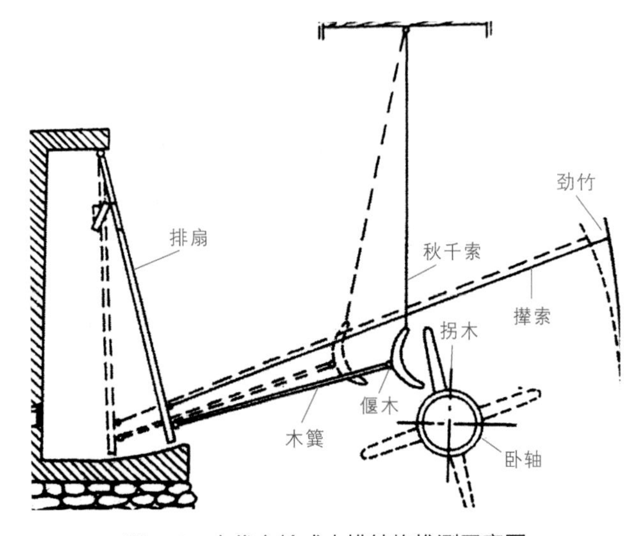

图 8-5 古代立轮式水排结构推测示意图

《后汉书》中所记载的杜诗发明的水排，也即东汉时所出现的水排是一种什么类型的水排呢？应是卧轮式水排，原因如下：

1)《农书》上的记载主次分明，卧轮式水排有文有图，立轮式水排有文无图，说明卧轮式水排比立轮式水排应用广，影响也大得多。

2）曾对两种水排进行了复原与试验，结果证明卧轮式水排运转较为理想，而立轮式水排运转不太可靠，凸轮及依靠弹力实现空回行程都不太稳定。

3）据《三国志》记载，水排是在以畜力为动力的马排基础上发展而成的，确定马排的具体结构并无确切根据，但可推知由马排发展为卧轮式水排较易实现；马排与立轮式水排少有共同之处，由马排发展为立轮式水排的可能性不大，因而杜诗发明的水排应是卧轮式水排。

水排出现后，冶金的质量提高，成本大幅降低，如《三国志》即说应用水排“利益三倍于前”，说水排能代替100匹马的工作，使效率大大提高，因此发展很快，应用很广，在许多古籍上能看到关于水排的记载。

8.3 风箱

风箱出现的时间说法较为肯定，《演禽斗数三世相书》中已有了用于锻炉的木风箱，这是迄今所见的最早的风箱的形象（见图8-6）。该著作成书于元朝至正十七年（1357年），作者署名为袁无纲，是唐代贞观年间人。但从该书的文字和图画看，木风箱更可能产生在南宋。由此可以推断，中国木风箱的产生时间不晚于南宋。另据

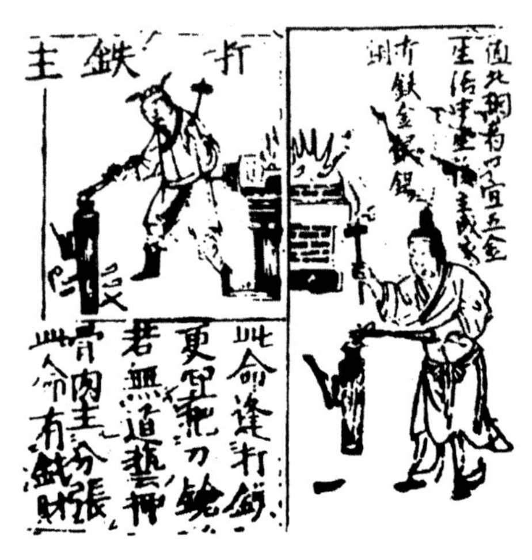

图8-6　最早用于锻炉的活塞木风箱

著于北宋的《武经总要》记载，由猛火油柜及用于消防的喷水唧筒的图在形上都可看到活塞，活塞是木风箱的核心零件。由此推断，南宋之前已有木风箱是合理的。

木扇式风箱是通过悬挂式木扇门做开合式往复摆动压缩空气送风的鼓风机械，是鼓风技术的进一步发展。相对于橐，木扇式风箱刚性好，制作简单，坚实耐用。但这种单扇式风箱仍没有克服间歇鼓风的不足。木扇式风箱自唐宋出现后，逐渐取代了橐成为主要的鼓风机械。随着木扇式风箱的进一步发展，出现了双扇式风箱，最早见于敦煌榆林窟西夏壁画锻铁图（见图 8-7）中。该风箱的箱体较高，有近一人高，但宽度窄，箱体体积小，在箱体的同一侧设有两扇扇门，分别装有单根推拉杆，由一人操作。元代陈椿《熬波图》（1330 年成书）中的“铸铁柈图”（见图 8-8）中，亦见有双木扇式鼓风风箱，其结构与形状同西夏壁画中的风箱基本一样，呈梯形，高度仅为其一半左右，但箱体体积明显增大，两扇扇门上分别设有两根拉杆，作业时需要四人操作。

图 8-7　敦煌榆林窟西夏壁画锻铁图

图 8-8 《熬波图》中的“铸铁柈图”

用囊鼓风，风量、风压不可能很大；用木扇鼓风时密封很差，风压无法很大，而且囊、木扇送风间隙很大。使用活塞木风箱就克服了这些缺点，风量和风压都较为稳定，而且可以很大。使用大型的活塞木风箱需要四人拉拽才行。

古代活塞木风箱有方形和圆形两类，方形箱体外表是木扇箱体的发展。风箱有两个冲程，活塞往复运动，上面的活门（即阀）十分巧妙地保证了向一个方向送风。活塞木风箱的内部结构和原理分别如图 8-9 和图 8-10 所示。当把手（活塞）向右移动时（见图 8-10a），右面活门打开，风进入后，从风道中送炉内；当把手（活塞）向左移动时（见图 8-10b），左面活门打开，风进入后，从风道送进炉内。

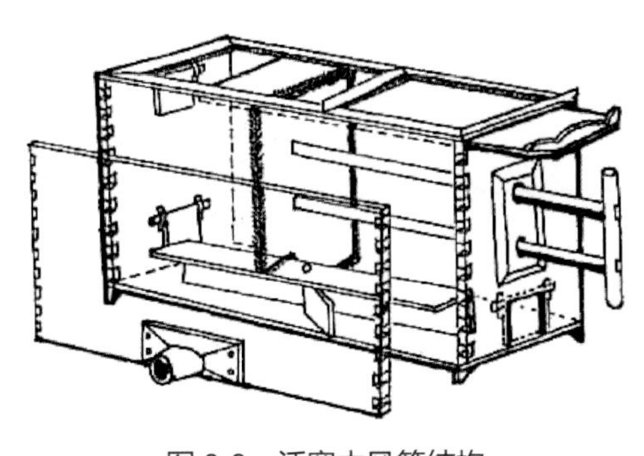

图 8-9　活塞木风箱结构

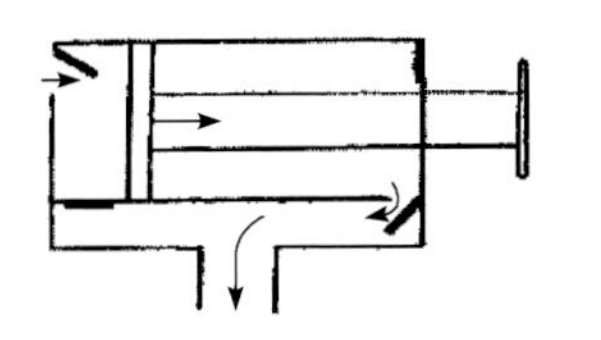

a）活塞向右移动

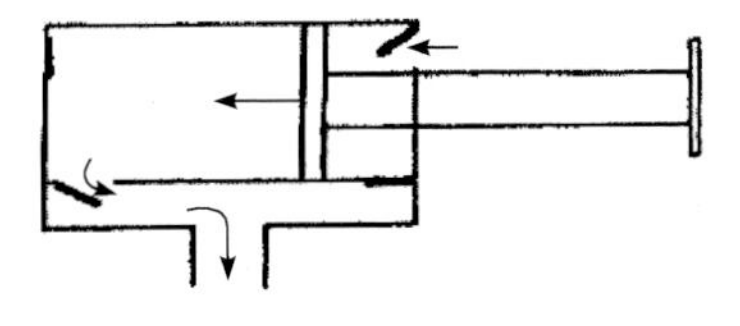

b）活塞向左移动

图 8-10　活塞木风箱原理

清朝吴其濬在《滇南矿厂图略》中记述了一种箱体呈圆筒形的木风箱——“炉器曰风箱，大木而空其中，形圆，口径一尺三四五寸，长一丈二尺。每箱每班用三人。设无整木，亦可以板箍代有，然风力究逊，亦有小者，一人可扯。”另外，清朝郑复光在《费隐与知录》中对活塞木风箱也有较多的记述，不仅介绍了南方和北方活塞风箱的不同类型，而且还讨论了防止空气从活塞周围泄露的措施，即在塞板周围施以羽毛一类的东西。活塞木风箱设计巧妙，构造合理，制作简单，便于维护，反映了很高的技术水平。活塞木风箱发明后，经过宋元时期的推广和应用，到明清时期已完全取代了木扇风箱，成为最主要的鼓风设备，对我国封建社会后期冶金业的发展起到了巨大的推动作用。活塞木风箱由于实现了双冲程鼓风，是鼓风技术的一次飞跃；因其刚性、密封性好，能够产生较大的风压、风量，较橐及木扇式风箱大大提高了工作效率，也极大地促进了冶铸效率的提高，一直到 20 世纪中期在我国人民的日常生活及冶金等领域仍被广泛使用。

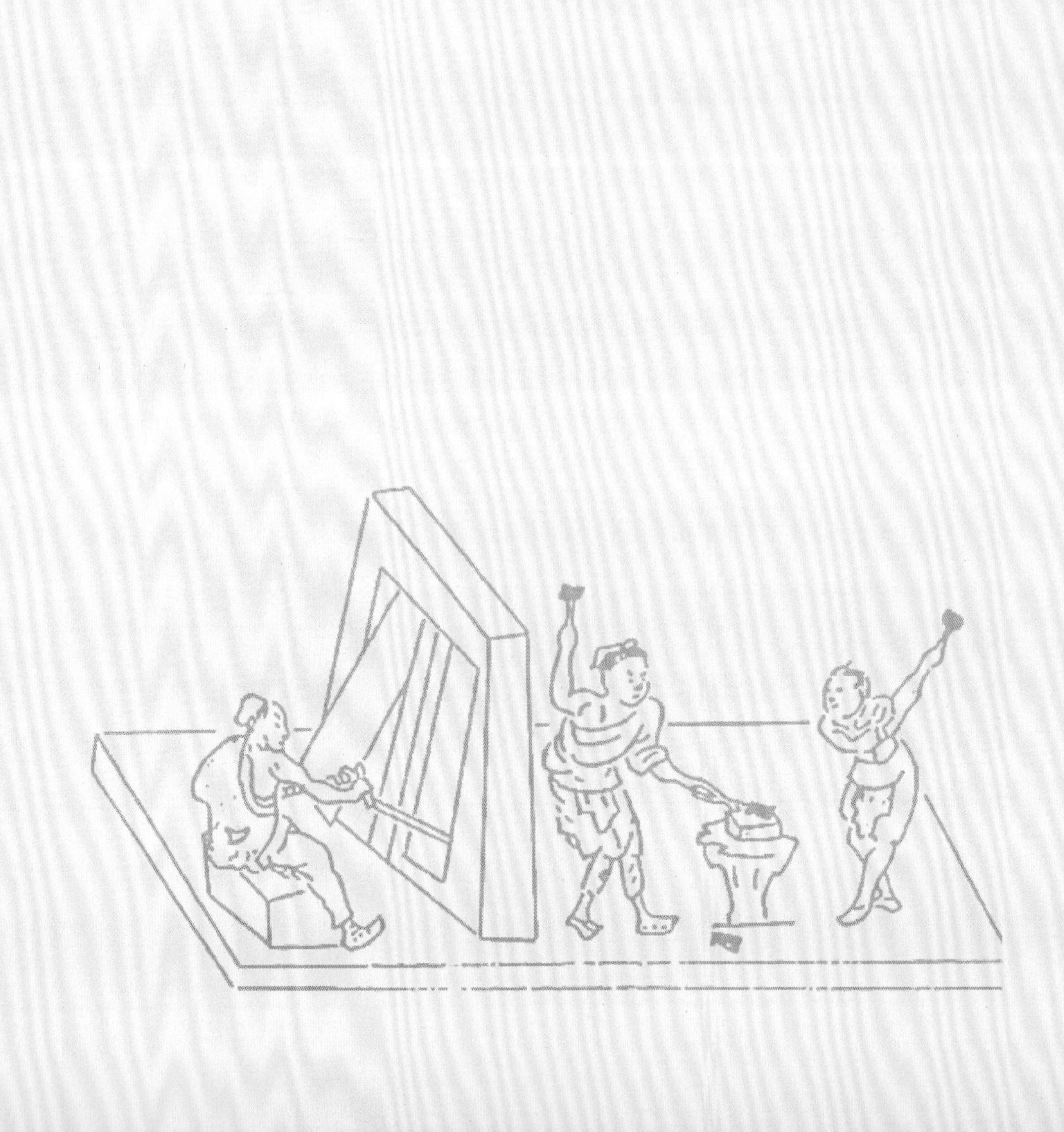

故事 9

战车彭彭旌旗动，三十六军齐上陇

将军行

【唐】张籍

弹筝峡东有胡尘，天子择日拜将军。蓬莱殿前赐六纛，还领禁兵为部曲。

当朝受诏不辞家，夜向咸阳原上宿。战车彭彭旌旗动，三十六军齐上陇。

陇头战胜夜亦行，分兵处处收旧城。胡儿杀尽阴碛暮，扰扰唯有牛羊声。

边人亲戚曾战没，今逐官军收旧骨。碛西行见万里空，幕府独奏将军功。

作者简介

张籍（约 766—约 830 年），字文昌，唐代诗人，和州乌江（今安徽和县乌江镇）人，世称“张水部”“张司业”。他是韩愈的大弟子，其乐府诗与王建齐名，并称“张王乐府”。代表作有《秋思》《节妇吟》《野老歌》等。

诗句涵义

这首诗将唐朝军队与胡虏战斗的宏大场面描写得淋漓尽致。将军领命于天子，攻坚克难，一路势如破竹，收复了失地，杀得胡虏丢盔弃甲。

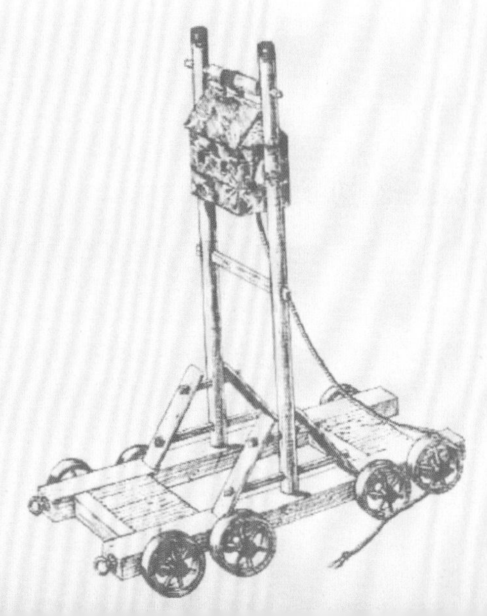

故事 9

战车彭彭旌旗动，三十六军齐上陇

唐代张籍在《将军行》一诗中描写了唐朝军队与胡虏战斗的场面——“战车彭彭旌旗动，三十六军齐上陇”，表现出战斗场面的宏大和壮烈。

战车是在中国古代战争中用于攻守的车辆。因为古时候城防体系尚不发达，不能有效地制止攻击，战争器械发展也很不充分，相比之下，战车的作用很大，有时能所向披靡、势不可挡。在春秋战国时期，各诸侯国争相发展和制造战车，当时有所谓“千乘之国”“万乘之国”的说法，以拥有战车的数目作为衡量国力的重要标志。战车的多少和优劣，成为野战中决定战争胜负的主要因素。到战国后期，这种情况发生了变化，战车的作用日益减小，大约到汉代，已难以从古籍中看到战车的踪影了。战车驰骋战场 2000 多年，终于退出了历史舞台。

战争机械中的战车，对制造技术及战争的发展都非常重要。

9.1　春秋战车

战车自诞生以来历经夏代，在商代末期开始加速发展，由于在春秋战国时期，各国之间的战争不断，此时的骑兵还未在军队中大量装备，战车就成了各国的主力武器。于是战车在春秋战国时期发展达到顶峰，作为一种通用武器得到大规模应用。

由于时代遥远，考古工作中出土的商周时代木质战车多数已经损坏。经过考古人员的努力，多处车马坑（见图 9-1）中的战车被成功剥剔出来。结合古籍的记载，考古人员将战车复原（见图 9-2 和图 9-3），使人们得以了解几千年前战车的具体结构。

图 9-1　荆州熊家冢楚墓中的车马坑

图 9-2　商周时期战车复原图

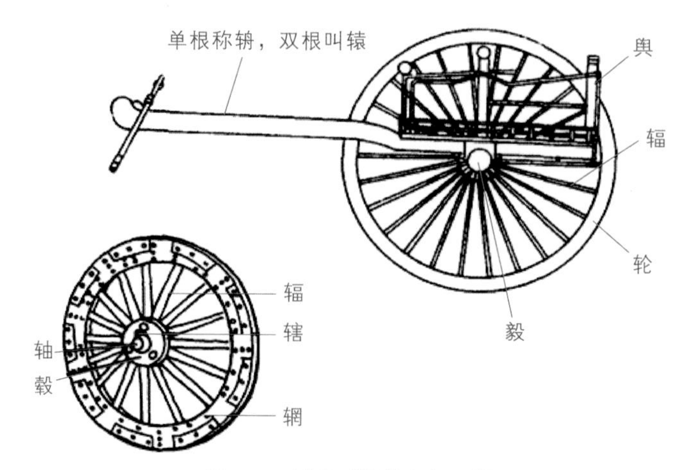

图 9-3　战国时期战车复原图

现已知道，战车为独辕，有四匹马驾驶的，也有两匹马驾驶的。乘员有从后面上车的，也有从前面上车的。从有些考古资料上也能看到，战车车厢上有根横梁，便于车上乘员倚靠，使他们的身体在车辆快速行驶、战斗时比较平稳。

战车的行驶速度快，车轴轴头一般做得较为坚固、耐磨，多数使用了金属轴瓦（铜或铁），外层轴瓦固定在轮毂（见图 9-4）上，称为“锏”；内层轴瓦固定在轴上，称为“釭”。战车轴头上的车軎有时也较长，以增加控制面积，加大杀伤力（见图 9-5）。

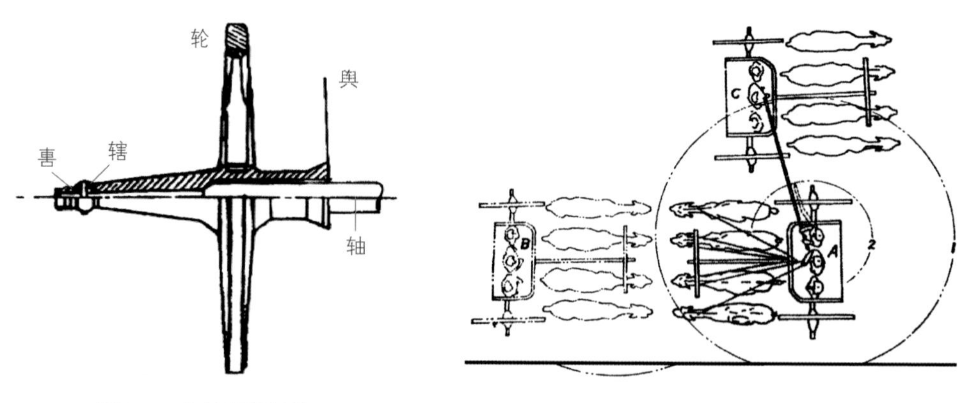

图 9-4　车轮轮毂结构

图 9-5　商周战车战法

如图9-5所示，车舆（站人的车厢）宽约一米，深几十厘米。车上有三名乘员，一字并排站立，分别承担不同的任务：位于中间的为“御者”，负责驾驭马匹、控制车辆；站立在两边的分别称作车左、车右，是与敌方战斗的士兵，士兵的装备精良、防护可靠。他们有三套兵器：距离较远时用弓箭射杀对方；与敌人或敌车交错时，用长柄武器戈、戟、矛等与敌格斗；近战时，用短武器及剑等自卫防身。车战的时候为了鼓舞士气，还使用战旗，如图9-6所示。

图9-6　在战国青铜器上绘制战车后插有战旗的形象

战车的普及也促进了古代摩擦学的产生与发展。《诗经》是中国最早的诗歌总集，相传是由孔子及其弟子编成的。它收录的诗歌大体产生于西周初期到春秋中期之间，即公元前11世纪到公元前6世纪，其中《邶风·泉水》中，有“载脂载舝，还车言迈，遄臻于卫，不瑕有害？”之句，“舝”即现之“辖”字，在古代解释为“车轴端键”，在古车上的作用相当于现在所说的“销钉”，穿过轴端，将车轮“辖”住，使车轮轴向固定（见图9-7）。“辖”字后来发展成“统辖”“管辖”“直辖”“通辖”之意而被广泛应用，“脂”即“润滑剂”，“还”

便是回还，“迈”便是快之意。这首诗译成现代语是：“用油脂，将车轴充分地润滑，在轴端，把销钉细心地检查，驱车远行，送我快快地回家。快快地赶到家乡卫啊！切莫让我问心有愧。”（此译文引自文献［1］。“不瑕有害”的译文有多种，另外一种翻译是“切莫遭遇灾祸”。）

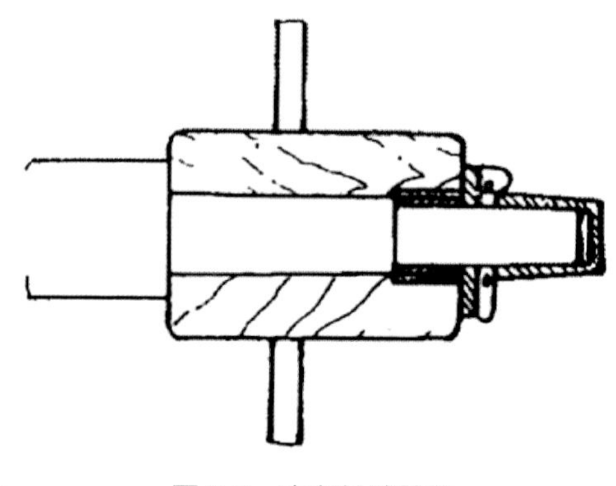
图 9-7　古车轴端结构

9.2　特殊用途的战车

战国时期，秦国将战车的威力发挥到极致，随着车轮的滚动，秦朝统一了整个中国。但是，战车的劣势也逐渐显现出来，比如在战场不易转弯，也不好控制，那时秦国将军们利用四匹马簇拥着一辆战车，形成一个小规模部队，便于分散和突击。在建立秦朝后，在军队中大批量装备骑兵，骑兵慢慢地取代了战车。秦朝以后，大规模的通用战车在战场上就不曾露面，基本上已被骑兵取代。

但通过战车衍生的一些特殊用途的战车，在战场上仍有着突破性的作用。这就证明了战车的血脉其实并没有真正断绝过。

三国时期，由于战事不断，加之要进行随时的攻守战，特殊用途战车的兵种数量达到了巅峰。许多特制的战车流传到了后继朝代，一直到热兵器在战场上占主导地位的时候，传统意义上的古代战车才慢慢消亡。

特殊用途的战车主要有以下几种。

（1）冲车

冲车（见图 9-8）前面为防护，后面藏着士兵，可以防止攻城时一些不必要的牺牲，如被守城士兵的箭袭击等。冲入城池后，里面的士兵从车内跳出，一窝蜂似地冲入城内，斩杀敌人，使敌人措手不及。

图9-8　冲车

（2）洞屋车

洞屋车（见图9-9）也是一种用于攻城的车辆，士兵藏在里面，躲避弓箭等武器的袭击，然后用其中藏好的大锤使劲撞城门。等到撞开城门后，士兵们便乘车冲进去，就四处砍杀敌人。但这种车有几个不足之处：目标太大，敌人可以提前做好防御工作；行驶也很缓慢，不适合快速进攻，后来逐渐被云梯车所取代。

图9-9　洞屋车

（3）正箱车

正箱车（见图 9-10）曾是为进攻部队设计的，士兵们推着它往前走，快速攻破城门。

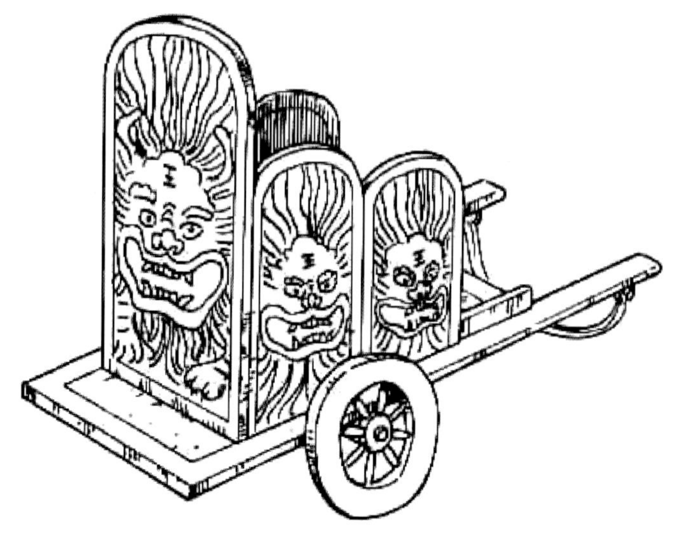

图 9-10　正箱车

当城门被攻破时，一排弓箭手站在城门的正前方放箭，减缓敌人进攻的速度。紧接着，一排塞门刀车被推上前，顶替已被攻破的城门，然后再推上一排正箱车防御。这是一种绝妙的战术，可以提供暂时性的防御，延缓敌军攻城的时间。

正箱车的不足是，其上部得不到防护，开始较多用于守城战。

（4）偏箱车

偏箱车（见图 9-11）的应用比较广。攻城部队可以操控偏箱车来进攻，因为偏箱车的重量约是正箱车的一半，因此偏箱车的方向更好操控。此外，在丛林战、隐蔽战中，还可用偏箱车进行掩护，将几个偏箱车堆在一起，防护力量就增强了许多，比用植物掩护更好。

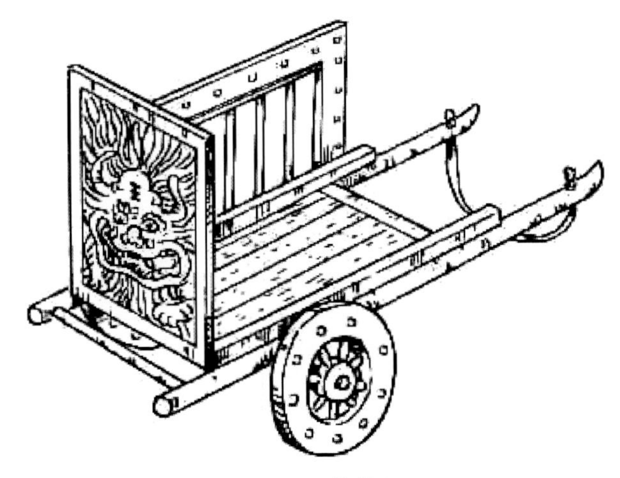

图 9-11　偏箱车

（5）塞门刀车

塞门刀车是插满了尖刀的防守性车辆，如图 9-12 所示。敌人攻破城门时，守城士兵使用这种车可以给敌人造成巨大伤害，延缓敌人进攻势头，为守城的军队争取时间来重新组织防御。

图 9-12　塞门刀车

（6）塞门车

与塞门刀车不同，塞门车（见图 9-13）没有什么攻击能力，但其覆盖面比塞门刀车要广，因而在战场上也使用较多。这种车普遍很坚固，可以抵御敌人进攻武器的猛烈撞击。为了防止这种车辆被突然撞烂，守城的士兵们通常在塞门车后面藏一排塞门刀车。当塞门车被突破时，敌军就会中计，被塞门刀车上的尖刀刺伤，而后早已准备好的弓箭手立刻放箭，给予敌军沉重的打击。

图 9-13　塞门车

（7）云梯车

云梯车是用以攀登城墙的攻城器械，下面带有轮子，可以推动行驶，配有防盾、绞车、抓钩等器具，有的带有用滑轮升降的设备，如图 9-14 所示。

图 9-14　云梯车

（8）巢车

巢车是一种专供观察敌情用的瞭望车，如图9-15所示。车底部装有轮子，可以推动，车上竖起两根用坚木制成的长柱，在柱子顶端设一辘轳轴（滑车），用绳索系一小板屋于辘轳上，板屋高9尺，方4尺，四面开有12个瞭望孔，外面蒙有生牛皮，以防敌人矢石破坏。屋内可容纳两人，通过辘轳车升高数丈，攻城时可观察城内敌兵情况。

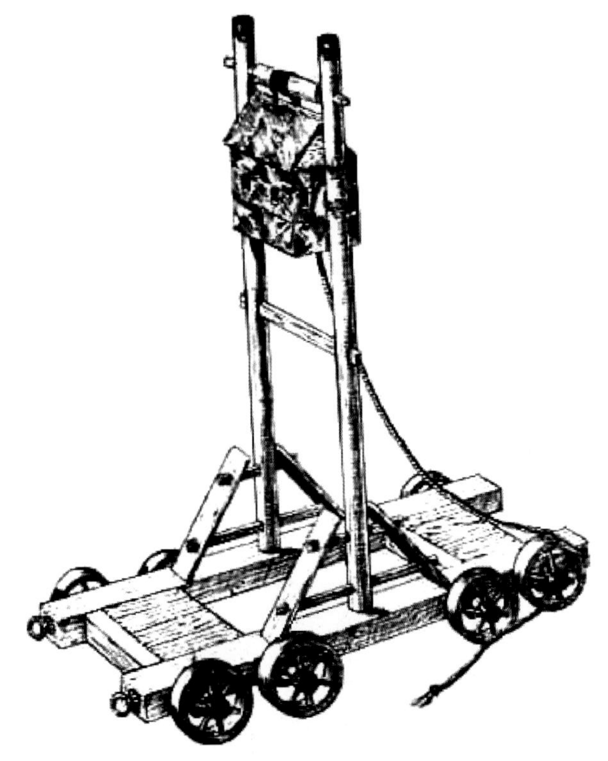

图9-15　巢车

（9）搭车

搭车用来驱赶、杀伤守城的军士，如图9-16所示。这种车工作时，如同饿鸟啄食一般。

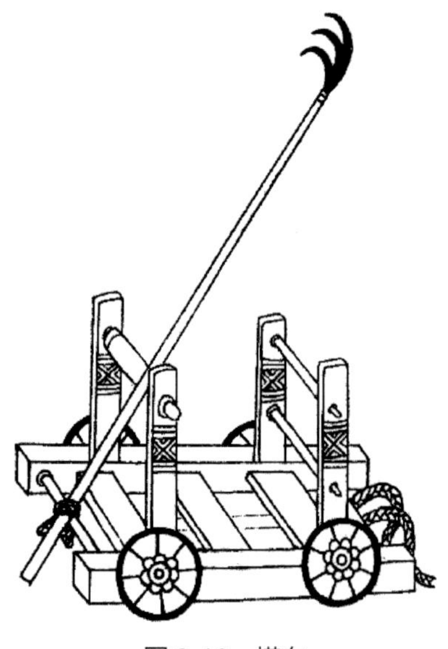

图 9-16　搭车

（10）砲楼车

砲楼车用重锤连续击打城门或其他防守设施，使之破坏、失效。该车的原理很像砲，所以又叫“砲楼”，如图 9-17 所示。

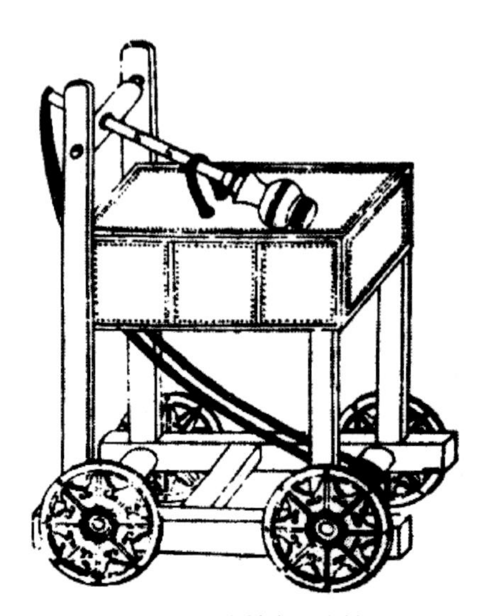

图 9-17　砲楼车（砲楼）

故事 10

气张中军旗，势疾强弩箭

遇便风·舳舻泝隋堤

【宋】陈舜俞

舳舻泝隋堤，积潦涵楚甸。
大帆挂长樯，薰飚借良便。
气张中军旗，势疾强弩箭。
浪头喷飞雪，波心落流电。
或如春雷振，又若疾雨溅。
天空文鹢归，珠媚渊龙战。
久来去意切，幸此行色变。
舟子啸引项，挽夫喜盈面。
揭篙无施劳，跃马莫我先。
行吁思景附，坐指交勇羡。
日阴未顷刻，道里历宇县。
津亭倏渡淮，官堠俄入汴。
盛夏草树齐，远水苹藻遍。
晚景稍可爱，少瞬不再见。
我非欲速者，疾目憎转眩。
衣袂聊虚凉，心焉独安宴。
向夕风少休，迟留乐幽倦。

作者简介

陈舜俞（1026—1076 年），字令举，号白牛居士，秀州（今浙江嘉兴）人。北宋著名诗人，与欧阳修、苏东坡、司马光等交往甚密。著有《都官集》《应制策论》《庐山纪略》，参与《资治通鉴》编纂。

诗句涵义

这首诗前半部分写出了舳舻在水中疾行的形象，用弩箭来比喻气势的强烈，后半部分写盛夏的情景，使人流连忘返。整首诗描写场面宏大、气势非凡，辞藻华丽大气。

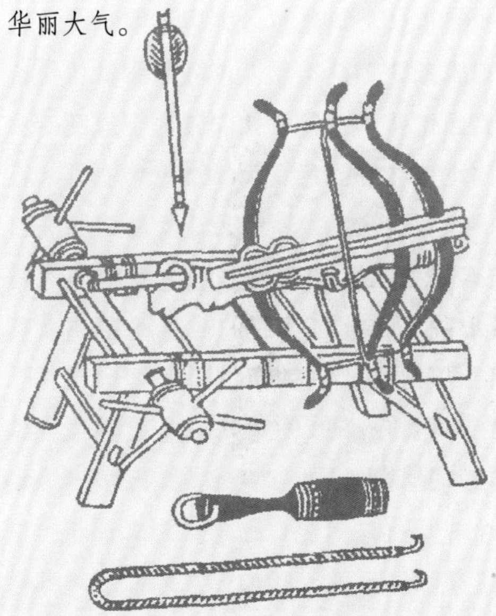

故事 10

气张中军旗，势疾强弩箭

“气张中军旗，势疾强弩箭”出自北宋陈舜俞的《遇便风·舳舻泝隋堤》，用弩箭来比喻势头强劲，可见古人心目中的弩箭是一种速度快、杀伤力极大的武器。

弩是机械弓，由弓发展而成，可以延时发射。我国最早的字典东汉《说文解字》说弩是“弓有臂者”，而早期的词典西汉《释名》说“弩，怒也”，两书都说出了弩的某些特点。

弩的发射方法近似现代手枪，其原理如图 10-1 所示。

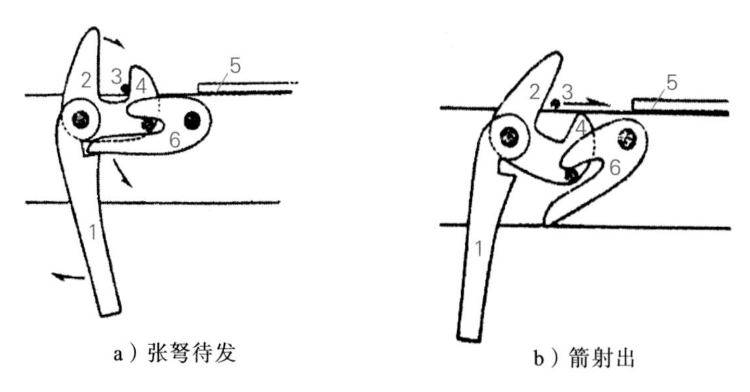

a）张弩待发　　b）箭射出

图 10-1　弩发射原理图

当装上箭4后，弩上“牙”2勾住弓弦3，用“牛”6卡死“牙”上的销，“牙”及弦都被卡死，再用“悬刀”1卡死“牛”6，即可等待发射。发射时，把“悬刀”1向后，“牛”6下旋，“望山”2也即下旋，弦便放松，将箭4射出。也有的弩，结构不同，如不是用“牛”6的凹槽来卡住“望山”2上的销，而是通过用“牛”与“望山”的一个面紧紧贴合在一起，而使“望山”定位的。（“牙”和“望山”是同一部件的不同部位，均用2来编号。）

弩在秦汉时期得到了进一步改进，秦代弩已经有了自动控制放箭机构；汉代在弩上面设置弩郭，大大加强了弩臂、弩机的强度，拆装更加方便；战国到东汉时期的弩逐渐设置了望山，并在望山上刻上刻度，大大提高了弩的准确度，这些改进使得弩的功能变得更加强大。到了隋唐和宋代，弩的威力更大，射程更远。

10.1　绞车弩

绞车弩出现在唐代，射程可达七百步。按《宋史》记载，宋代将绞车弩改进后，射程可达一千步，约合1.5 km，连当时的皇帝宋太祖赵匡胤都亲临现场观看试射。

关于绞车弩的结构，在《武经总要》一书绘图中介绍了七种，如图10-2所示即为其中之一。实际上，绞车弩的结构都大同小异，均是利用数个弓来增加弹力，图中所示为三个弓，利用绞车的力量张弦、放箭。

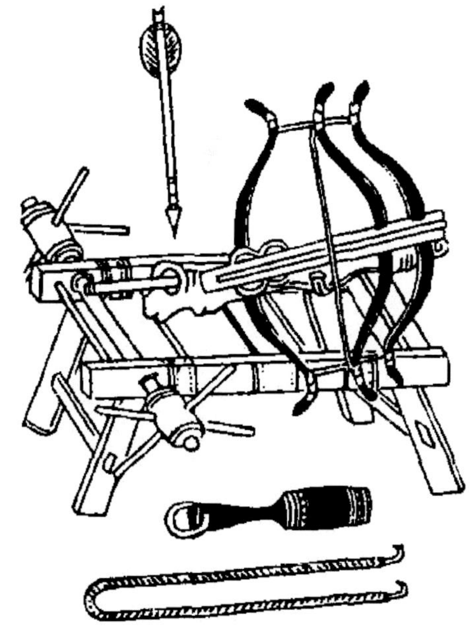

图10-2　《武经总要》中绘制的绞车弩

10.2 连弩

连弩（见图 10-3）是三国时诸葛亮的重要发明，故又称“诸葛弩”，也叫“元戎”，可以连发十箭。在《三国志》及以后的《武备志》《天工开物》等古籍中都有记载，这也反映出它的应用相当广泛。关于连弩的结构，《天工开物》一书中描绘得较为明确。弩由木制做，弩体上有个槽“箭函”，槽内放置十支箭。安装弩箭时，只要用手扳动“扳机”，即可张开弦，又同时将一支箭放入箭槽，达到待发位置。用手扣动“拿手眼”发射，同时“扳机”向前，准备另一次发射。但不是“十矢俱发”，而是顺序发出。连弩“以铁为矢”，所用的箭较短，只有八寸长，结构决定了射程很短，只有二十余步，故通常只用于防守，而为了增加其杀伤力，可以在箭头涂上“射虎毒药”，使“人马见血立毙”。

图 10-3 《天工开物》中描绘的连弩

10.3 伏弩

伏弩（见图 10-4）也叫窝弩、耕戈，专门用于设伏，在秦汉已有对它的记载。伏弩的结构并无什么神秘之处，弩身和一般弩并无本质不同，只是另增了一套自动发射机构。设置伏弩时，张紧弦，装上箭，然后从弩机上引出长线。当长线被来敌无意拉动时，就引发弩机，发射弩箭。明代中叶，抗倭名将戚继光为抵御“倭寇”骚扰东南沿海，就教军民设置伏弩。后来“倭寇”就在大部队前，先用大竹竿开路引发伏弩空射。戚继光又扩大伏区，使来敌防不胜防。

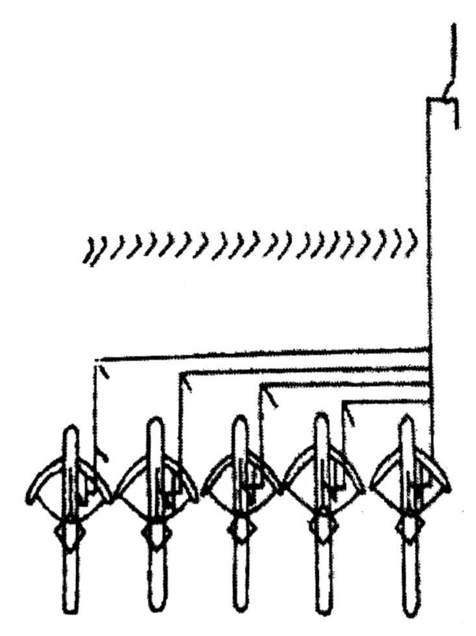

图 10-4 《武备志》中介绍的伏弩

故事 11

肝髓流野——攻破襄阳的襄阳砲

宋元史书中有大量关于“襄阳砲”的记载。《元史·亦思马因传》云：“亦思马因，回回氏，西域旭烈人也。善造砲，至元八年（1271 年）与阿老瓦丁至京师。十年，从国兵攻襄阳未下，亦思马因相地势，置砲于城东南隅，重一百五十斤，机发，声震天地，所击无不摧陷，入地七尺。”这里所描述的就是用“襄阳砲”攻陷襄阳的故事。

附加参考资料

《元史·阿里海牙传》中称：“会有西域人亦思马因献新砲法，因以其人来军中。至元十年（1273 年）正月，为砲攻樊，破之。先是，宋兵为浮桥以通襄阳之援。阿里海牙发水军焚其桥，襄援不至。城乃拔。阿里海牙既破樊，移其攻具以向襄阳，一砲中其谯楼，声如雷霆，震城中。城中汹汹，诸将多踰城降者。”

襄、樊二城被围攻五年多，在毫无外援的情况下，士兵死伤大半，城内的粮食、弹药及其他生活必需品差不多全部耗尽，到最后，城内连做饭的木柴都没有了，百姓只好劈了桌椅、床板当柴。襄阳砲的到来使得南宋军民已经万般艰难的处境雪上加霜，成为了压垮骆驼的最后一根稻草。

故事 11

肝髓流野——攻破襄阳的襄阳砲

1273 年 2 月的一天，襄阳城中忽然“声震天地”，只见襄阳谯楼瞬间化成齑粉，其“所击无不摧陷，入地七尺”。在强大的攻势下，摆在吕文焕面前的只有两条路：誓死抵抗，那么结局就只有死，而且还要搭上全城数万条生命；归顺，可保城中将士及百姓生命无虞，而本人也将得到重用。吕文焕犹豫不决。在既无力固守，又无外援，且兵尽粮绝、人心崩溃之时，怎么样才是最好的选择呢？“殒身徒有客，误国始由谁。百战江山破，三军恸哭辞。”曾经的英雄潸然泪下，相持五年之久的襄阳战役，就这样在“襄阳砲”的怒吼声中宣告结束。

由于襄阳砲使用机械发力，它的准确度、突发性、摧毁力都要好于宋军的抛石机。据史书记载，元军使用“襄阳砲”攻打襄阳，击发时声震天地，无坚不摧，石弹落下后，陷入地面达七尺。面对这样的“大杀器”，已经坚守六年、精疲力竭的宋军根本无法抵御。

宋元史书中有大量关于“襄阳砲”的记载，其中《元史·亦思马因传》中所描述的就是元军使用“襄阳砲”攻陷襄阳的故事。

11.1　砲的起源

古代远射兵器中的砲如图 11-1 所示，在很长时间内，应用很广，到火炮盛行后才遭淘汰，现今石砲（抛石机）早已绝迹，代之以火炮，连“砲”字也很少见（如今只在中国象棋中可以看到）。“砲”即抛石机（投石器），又名碼交等，其功能是远距离投掷石块打击目标。

图 11-1　砲想象图

砲源远流长，从考古资料中得知，在旧石器时代中已多处发现石球，到新石器时代石球更多了，也更精良。那时的抛石机，主要用作狩猎工具。原始抛石机具体结构各异，但都用棍棒绳索及皮碗做成。砲是何时用作战争武器的呢？据《范蠡兵法》可知：“飞石重十二斤，为机发，行二百步。”另在《左传》《墨子》中，也能见到使用砲。可见，春秋时期砲已被用于战争。砲在形成之初比较简单、粗糙，便于制造。砲的发射过程及工作原理见图 11-2。

1）准备工作（见图 11-2a）：众多拽手（约几十到几百人）抓住砲杆前端处的拽绳，砲手站在砲杆后端将石弹装入皮碗中，并将小套套在砲杆后端。至此，发射准备工作完成。

2）发射（见图 11-2b）：拽手一齐向斜后方猛拉拽绳，使砲杆前端向下，后端向上。此时，在离心力的作用下，石弹必然连同皮碗向外、向上甩。

3）石弹射出（见图 11-2c）：随着砲杆的摆动，石弹连同皮碗距摆动中心变远，石弹的速度、离心力逐渐增大，增大到一定程度时，拉动套环从砲杆末端脱出，石弹依靠其已有的巨大速度及惯性而离开皮碗飞向目标。

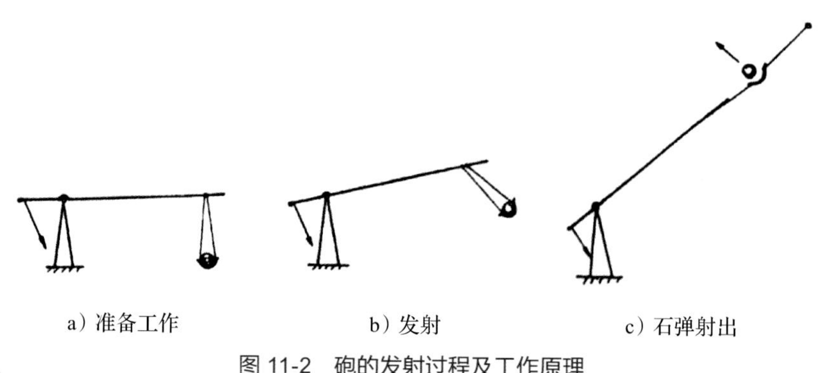

图 11-2　砲的发射过程及工作原理

11.2　砲车

砲出现以后的最重大事件应是砲车的出现。砲车是在东汉末年（200 年）曹操与袁绍在官渡之战中发明的。官渡位于现河南中牟，在当时东汉首都许都（现河南许昌）以北不远处。据《三国志》记载：“连营稍前，逼官渡，合战，太祖军不利，复壁。绍为高橹，起土山，射营中，营中皆蒙楯，众大惧。”说袁绍的大军逼近官渡，交战后曹操因势单力薄而失利，曹操见双方力量悬殊，便固守不战。袁军便筑起高楼，堆土成山，居高临下地向曹营内射乱箭，曹营大军全都暴露在射程内，急切间用盾东遮西挡，明显处于劣势，大家非常害怕。“太祖乃为发石车，击绍楼，皆破，绍众号曰霹雳车”，说曹操下令制造砲车，发射大石击打袁绍高楼、土山，袁军被击得抱头鼠窜、溃不成军。

因砲车威力巨大，袁绍的军队称它为“霹雳车”。官渡之战成为以少胜多的一次著名战役。

砲车是在砲架之下设置轮子，增强了砲的机动性，扩大了砲的使用范围，在军队进攻中使用较为方便。后来砲车驰骋疆场发挥了更大的作用。图 11-3 所示是霹雳车复原图。

唐宋以后，砲车的品种日渐增多，那时的砲车可分为轻型、中型、重型三种：轻型砲车由两人施放，石弹重半斤，用于迎敌作战；中型砲车在单梢、双梢、旋风、虎蹲等，用 40 ～ 100 人拉砲索，可发射 25 斤重（合质量 12.5 kg）的石弹，射程达 80 步；重型砲车有五梢、七梢砲，要 150 ～ 250 人拉砲索，发 70 ～ 100 斤重（合质量 35 ～ 50 kg）的石弹，射程可达 50 步。

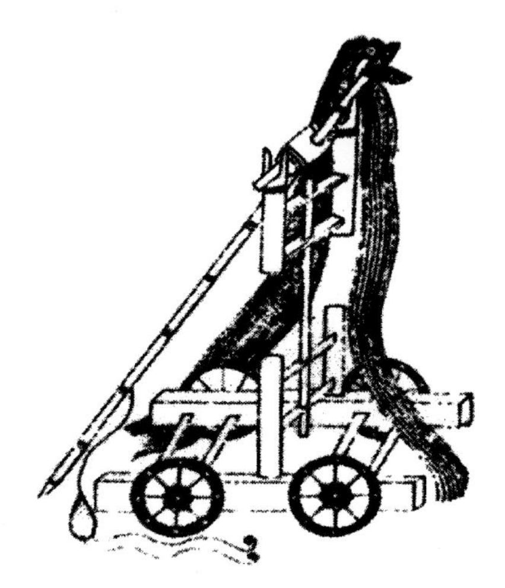

图 11-3 霹雳车复原图

11.3 襄阳砲

攻打襄阳的砲的主要制作者是阿老瓦丁和亦思马因。这两个人都是西域（今玉门关以西）伊斯兰教人，砲名又叫“西域砲”，又因首先在攻打襄阳、樊城时使用，故又称“襄阳砲”。

元朝对襄阳砲手和军匠的训练、组织、管理极为重视，其砲手军匠数目可观，规模庞大，在大都（北京）、南京（开封）、江南到处都有这种砲手军匠的记录。襄阳砲是一种创新和发展，以优秀的制砲技术和实践，填补了当时中国兵器史上的一项空白。图 11-4 和图 11-5 所示分别为襄阳砲的发射原理和使用想象图。

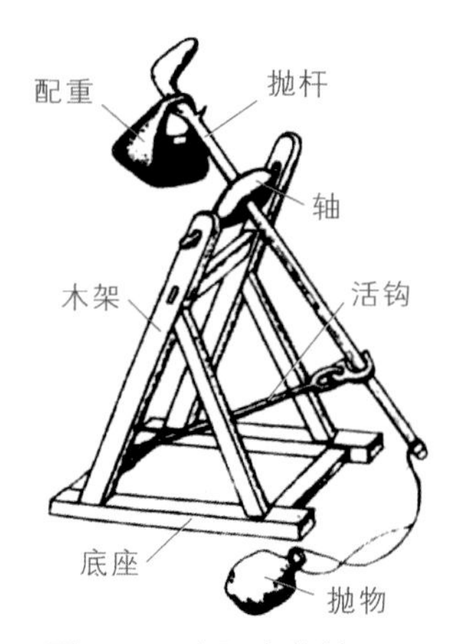

图 11-4　襄阳砲发射原理

图 11-5　襄阳砲使用想象图

故事 12

羽扇纶巾，谈笑间，樯橹灰飞烟灭

念奴娇·赤壁怀古

【宋】苏轼

大江东去，浪淘尽，千古风流人物。故垒西边，人道是，三国周郎赤壁。乱石穿空，惊涛拍岸，卷起千堆雪。江山如画，一时多少豪杰。

遥想公瑾当年，小乔初嫁了，雄姿英发。羽扇纶巾，谈笑间，樯橹灰飞烟灭。故国神游，多情应笑我，早生华发。人生如梦，一尊还酹江月。

作者简介

苏轼（1037—1101 年），字子瞻，号东坡居士，眉州眉山（今四川眉山）人。北宋文学家、书画家，唐宋八大家之一。其文与欧阳修并称欧苏；诗与黄庭坚并称苏黄；词与辛弃疾并称苏辛；书法与黄庭坚、米芾、蔡襄并称宋四家；画学文同，论画主张神似，提倡“士人画”。著有《苏东坡全集》《东坡乐府》等。

诗句涵义

这首诗把眼前的乱山大江写得雄奇险峻，渲染出古战场的气氛和声势。对于周瑜，苏轼激赏他少年功名，英气勃勃。写战争一点不渲染士马金鼓的战争气氛，只着笔于周瑜的从容潇洒，指挥若定，这样写法更能突出他的风采和才能。这首怀古词兼有感奋和感伤两重色彩，写出了江山形胜和英雄伟业。

故事12

羽扇纶巾，谈笑间，樯橹灰飞烟灭

“羽扇纶巾，谈笑间，樯橹灰飞烟灭。”这一句是出自宋朝诗人苏轼佳作《念奴娇·赤壁怀古》的千古名句，通过赤壁之战火烧曹操战船，描写了周瑜年轻有为，胆略非凡，气概豪迈。

在三国时期发生的赤壁之战中，曹操的士卒由于是北方人，不习水性，于是利用战船运送人员将舰船首尾连接起来。周瑜利用火攻使得曹军战船起火，打败了曹操。

中国制造并使用船舶当作战争工具历史悠久。据《史记》记载，轩辕黄帝时，已开始造舟车，“变乘桴以为舟楫”以济不通。商末周初，已有使用大量舟楫运送军队渡河作战的行动。古代中国战船就是在此基础上，适应军事行动及水域而形成并发展的，是社会生产力发展和军事斗争需要的产物。古代中国战船诞生以后，经历了约26个世纪的漫长发展史，其间主要有春秋战国时期、两汉三国时期、晋隋时期、唐宋时期和元明清时期。

12.1 楼船与艅艎

春秋战国时期的战船最早兴起于东海、黄海之滨及江河沿岸的诸侯国吴、

越、楚、齐等地区。“吴楚扬越之间，俗习水战。故吴人以舟楫为舆马，以巨海为平道。”这时的舰船，已形成最早的形制，有大翼、中翼、小翼、突冒、桥船、楼船等，是舟师的主要装备系列。楼船（见图 12-1）是设有多层甲板和楼形上层建筑的大型战船，是舟师的主力战船。作战时，楼船常作为指挥舰，如吴国舟师的余皇舰，亦称王舟。春秋战国之交，又出现大量的戈船（见图 12-2）。越国于公元前 473 年灭亡吴国后，成为南方强大的诸侯国，曾以装备有 300 艘戈船的一支舟师从东海北上进攻北方强大诸侯国——齐国，占领琅琊（今山东胶南、诸城一带）。战国时的内陆诸侯国秦国的舟师还装备有用于运兵作战的舫战船（双体战船），每艘可载士卒 50 人及其 3 个月的给养。

图 12-1　楼船

图 12-2　戈船

12.2 走舸与艨艟

西汉舟师战船有新的发展。其形制主要有楼船、斗舰、艨艟、桥船、戈船、走舸（见图 12-3）、赤马、斥候等。楼船、斗舰为主力战船，艨艟（见图 12-4）主要用于袭击；赤马、斥候用于哨探。战船动力装置中，出现了橹和帆，帆、桨、橹并用，并已使用平衡舵。东汉时，帆战船已经较广泛地装备于舟师。三国时，吴国战船的发展具有代表性。吴国设有专门督造舰船的典船都尉；在建业（今南京）、侯官（今福建闽侯）、永宁（今浙江温州）、京城（原京口，今江苏镇江）等地设立造船工场。吴水军共拥有战船约 5000 艘，其大型楼船上层建筑 5 重，有“长安”“飞云”“盖海”等，每艘可容士卒 3000 人。

图 12-3　走舸

图 12-4　艨艟

12.3　八槽舰与五牙舰

八槽舰与五牙舰是晋隋时期的战船。晋代大型楼船在以前的基础上又有发展。晋武帝准备灭吴时，命大将王濬在四川建造大型楼船——连舫，船方120步，史称"自古未有"。孙恩、卢循海上起义军装备的大型楼船——八槽舰（见图12-5），上层建筑高达10余丈。南北朝时，南朝战船有飞龙、翔凤、金翅、青雀、鹔等；鹔战船装80棹，"捷过风电"。还出现装有砲车的"拍舰"。大型"楼船"，如"青龙"舰、"白虎"舰等，其上层建筑高15丈。中国古代著名科学家祖冲之还发明一种"千里船"，可日行百里，但其形制已不可考。据《陈书》载，水军将领徐世谱"造楼船、拍舰、火舫、水车以益军势"。水车，即初期的车船。通常大型战舰上装备有拍竿，这是古代中国战船上独有的一种在近战中对敌船具有摧毁力的打击器械。隋初，为攻灭南陈作准备，由杨素在长江上游的永安（今四川巴东）赶造大批战船。其中大型楼船——五牙舰（见图12-6），上层建筑5重，高达100余尺，能容士卒800人，前后左右设置拍竿6座，各高50尺，是攻击力强的主力战舰；其次为黄龙舰，还有"平乘""飞龙"等战舰。其后，隋炀帝准备发兵东征高丽（今朝鲜），命元弘嗣在莱州（今属山东）赶造战船300艘。

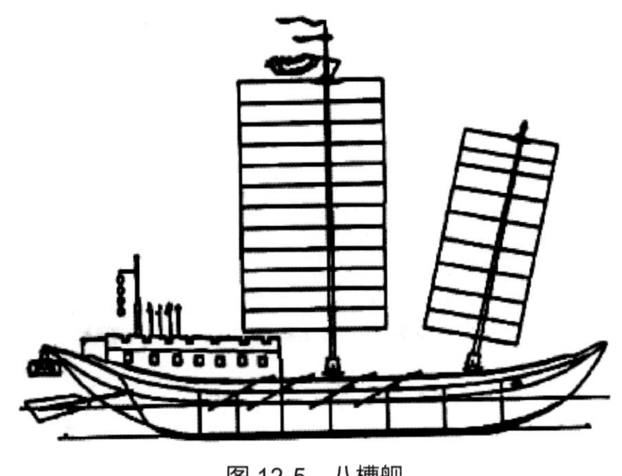

图12-5　八槽舰

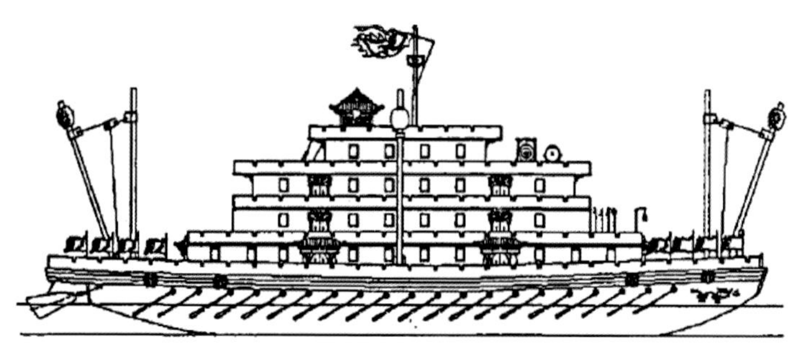

图 12-6　五牙舰

12.4　车船与海鹘船

唐代初期，大力发展造船业，设立专管督造舰船的水部郎中、舟楫署令等官职。主要在长江沿线和江南等地建造战船数百艘，其大型战船长达 100 尺。舟师一次出征，可投入战船 500 艘。宋代又发展有“海鳅”、双车、“十棹大飞”“旋捷”“水飞马”等战船。最迟在 11 世纪前，战船上已装有航海指南针，具备伸向远离海岸的海区航行的导航手段。

作为唐宋时期战船中典型的一种，车船（见图 12-7）自出现后就一直用

图 12-7　早期车船

作军事船，直到明代还有使用。所谓车船，是一种带轮状推进器的船只。它以轮桨代替桨和橹作为推进工具，以脚踏轮桨取代划桨和摇橹。现国内外科技史家一致认为，车船是近代轮船的始祖。车船在8世纪时已经问世，其最早的文字记载见于《旧唐书·李皋传》，说李皋“常运心巧思为战舰，挟二轮蹈之，翔风鼓浪，疾若挂帆席，所造省易而久固。”也有人认为南北朝时祖冲之所造的“千里船”，可以日行100多里，就是车船。但是，由于有关记载的文字过于简略，没有提到船的构造，因此车船准确的发明时间难以确定。

宋代车船发展迅速，吨位和明轮数量都有了明显增加，见于史书的有“一车”“五车”“七车”“九车”“十三车”“二十三车”等这些奇数明轮的车船。多出的明轮被放置于艉部，而且其体积要比舷侧的明轮大很多，“二十三车”车船如图12-8所示。造船家秦世辅建造了铁壁铧嘴战船和海鹘船（见图12-9）。洞庭湖地区杨幺起义军在高宣的帮助下，也建造了大批车船，有“大和载”“大德山”“大乐山”“大钦山”“混江龙”等。宋水军也拥有大批车船，如海鳅车船、飞虎车船等。大型车船，每艘可载1000人，并设有6座拍竿。宋代战船，除装有冷兵器外，还广泛装有火器，如古代火箭（火药箭）、铁火炮、火球等燃烧、爆炸火器。

图12-8 “二十三车”车船

图 12-9 海鹘船

12.5 宝船和蜈蚣船

元代初期大力建造战船。至元七至十年（1270—1273 年），建造战船达 8000 艘。至元十八年（1281 年）第二次渡海进攻日本时，出动战船多达 4400 艘。明代初期，在新江口建立龙江船厂（位于今南京），同时设置龙江提举司领导造船业，所造海船约有 4000 艘，盛况空前。这一时期建造的主要战船有：宝船（仿制工艺品见图 12-10）、乌槽船、福船、海沧船、开浪船、艟桥船、苍山船、沙船、鹰船、广船（北洋水师广船模型见图 12-11）、蜈蚣船（见图 12-12）、两头船、车轮舸、网梭船、子母舟、连环舟和火龙船等。明代战船装备有佛郎机炮、火铳等火器，并开始使用古代水雷。17 世纪以来，随着荷兰殖民者的到来，中国的海域纷争不断。明军、海盗、荷兰人互相攻伐，中国水师中原有的福船、苍山船、沙船等战船已经不再适应战事的发展，逐渐淡出了人们的视线，鸟船（用作军舰的鸟船见图 12-13）因行动迅捷成为新型战舰，成为对郑氏家族和清朝两方海战中海军的骨干力量。

明中期以后，直至清道光年间，在世界战船已进入近代发展历史阶段的

情况下，轻海重陆的思想和闭关锁国的政策使得中国造船业停滞不前。这一时期的战船基本上是沿袭古代中国战船建造技术或利用商船改造的木质帆战船或帆桨战船，战船形制杂乱，质量较差，主要有红单船、赶缯船、双篷船、艍古船、大梭船、唬船、艄船、米艇和快巡艇等。

图 12-10　宝船仿制工艺品

图 12-11　北洋水师广船模型

图 12-12　蜈蚣船

图 12-13　用作军舰的鸟船

故事13

大道南北出，车轮无停日

路傍曲·大道南北出

【宋】陆游

大道南北出，车轮无停日。
彼岂皆奇才，我独饥至夕。

作者简介

陆游（1125—1210年），字务观，号放翁，越州山阴（今浙江绍兴）人，南宋著名诗人。他一生笔耕不辍，今存诗九千多首，内容极为丰富，与王安石、苏轼、黄庭坚并称宋代四大诗人，又与杨万里、范成大、尤袤合称南宋四大家。著有《剑南诗稿》《渭南文集》《南唐书》《老学庵笔记》等。

诗句涵义

这首诗的前半部分写出了道路上车辆运输的繁忙景象，车轮没有停下来的时候；后半部分则表现出作者对自己凄凉情况的感慨。

故事 13

大道南北出，车轮无停日

“大道南北出，车轮无停日。”出自南宋诗人陆游的诗《路傍曲·大道南北出》，描绘出道路上车辆运输的繁忙景象，也表明了古代中国交通工具通常依靠车辆的情况。

中国是最早使用车的国家之一。人力车是最先使用的交通工具，之后是畜力车，畜力车解放了劳动力，运载能力更强，运行速度更快，行驶里程更长。在河南偃师商城城墙内侧，发现了商朝早期路土上留下的双轮车辙，由此可以推断中国最早的车可能出现在夏代。春秋战国时期出现了战车，车辆的制作水平有了很大的提高。秦汉时期的车制（车马制度）发生了很大的改变，单辕车减少，双辕车开始增多，车的种类也逐渐增多，且用途广泛。东汉和三国时期出现了独轮车。南北朝时期出现了 12 头牛拉着的大型车辆，还出现了磨车。

车的发明过程，可从车轮的变化上看出（见图 13-1）。开始，只是借助滚子来搬运重物，这种方法约在新石器时代晚期就已出现，但搬运重物很慢，也较麻烦，要有人不断向前移动滚子。接着，把滚子装在重物上，形成了专门的车，但最初车轮过于简单，强度不高。经过一段时间的发展，有的人将车轮稍作加固，这时的车轮不论加固与否，都可叫“辁”。再后来，形成了带

轮辐的车轮，制造技术更高了。

图 13-1　车轮发展

中国古代交通运输车辆有很多种，代表性的有马车、独轮车、木牛流马等。

13.1　马车

马车是马拉的车子，或载人，或运货。马车的历史极为久远，几乎与人类文明一样漫长。一直到 19 世纪，马车仍然是城市交通十分重要的工具。安阳殷墟的考古发掘表明，中国在商代晚期已使用双轮马车，春秋战国时期到汉朝马车的发展到达了一个较高的水平，隋唐之后发展渐缓。

古代中国的马车主要有两轮和四轮两种，其中两轮马车较为常见，四轮马车则相对少见。两轮马车由于能够载客，所以一直沿用至 20 世纪初期。由于隋炀帝开凿京杭大运河，水运逐渐取代成本巨大的陆运，加之朝代更迭，陆运危险性更大，四轮马车一直没有普及开来，但在一些书画中有所体现，如北宋时期张择端的著作《清明上河图》中出现了四轮马车，见图 13-2。

图 13-2 《清明上河图》中的四轮马车

马车对于中国历史的影响很大，秦始皇统一车轨，在全国修建了驰道，算是创下了历朝在交通上的标杆。秦朝道路和马车宽度的数据就来源于车辆的规格，图 13-3 和图 13-4 即是出土的秦朝铜马车的结构图解。

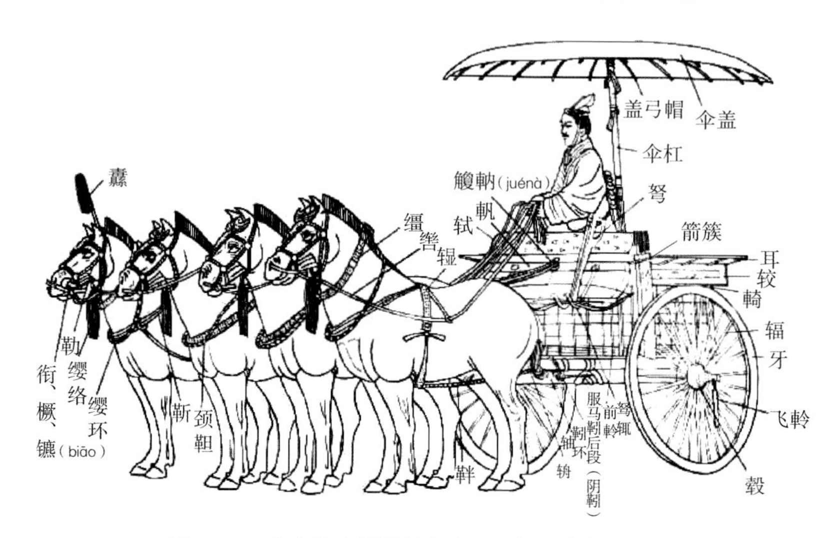

图 13-3　出土的秦朝铜马车中一号铜马车结构图解

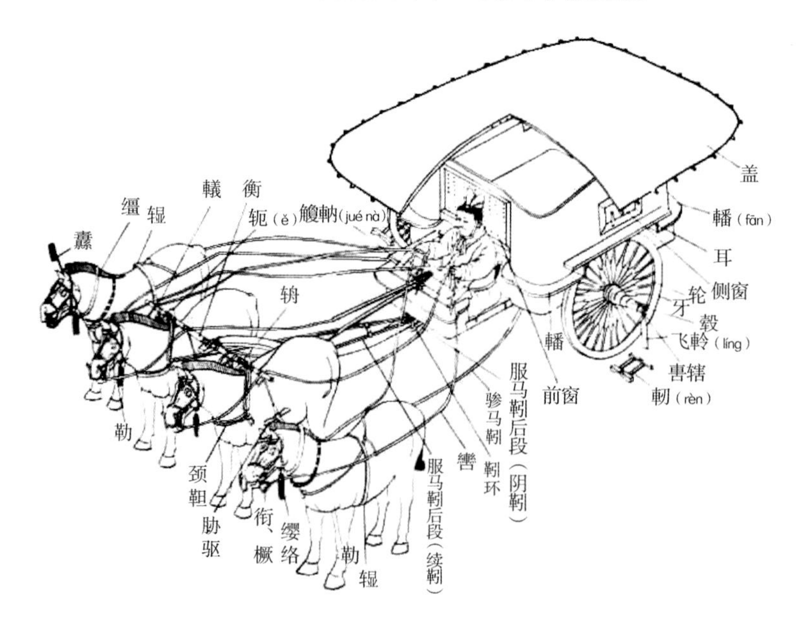

图 13-4　出土的秦朝铜马车中二号铜马车结构图解

在汉代，马车乘坐者需要遵守一些基本御礼规范，促进了当时的社会进步。贾谊在《新书·容经》中有专门述及："乘以经坐之容，手抚式，视五旅，欲无顾，顾不过毂。小礼动，中礼式，大礼下。坐车之容。立乘以经立之容，右持绥而左臂诎，存剑之纬，欲无顾，顾不过毂。小礼据，中礼式，大礼下。立车之容。"大意是，乘坐者需要遵守的基本礼仪主要有仪表和举止两个方面：仪表方面，要求乘坐者装束齐整；举止方面，要求乘坐者乘车时言谈举止庄重。这些在汉代文献和壁画中都有体现，如图 13-5～图 13-8 所示为汉代常见车型。

图 13-5 汉代常见车型——安车

图 13-6 汉代常见车型——轩车

图 13-7 汉代常见车型——辎车

图 13-8 汉代常见车型——轺车

另外较有意思的是，古代城市规模几乎也和马车有关。比如，古代马车速度在 35～40 km/h，这样的速度正好能在 1 h 左右绕城一周，但像比较大的城市如长安城，则需要 2 h 左右。

13.2 独轮车

独轮车出现在东汉时期，也称“小车”，是一种用硬木制造的手推单轮小车。它只有一个轮子着地，故能通行于田埂、小道。独轮车的出现是机械史上的大事，它提高了车辆的适应性、机动性，降低了车辆制造的复杂程度与生产成本，大大扩大了车辆的使用范围，增强了车辆的生命力。独轮车利用杠杆原理，将车轴固定在木架上，木架后部两边有把手和支架，是一种十分轻便的运物、载人工具，使用场所较多，如图 13-9 所示为独轮车想象复原图。

图 13-9　独轮车想象复原图

13.3 木牛流马

木牛流马为三国时期蜀汉丞相诸葛亮发明的运输工具，分为木牛与流马。史载建兴九年至十二年（231—234 年），诸葛亮在北伐时所使用，为蜀汉 10 万大军提供粮食。

木牛想象图如图 13-10 所示，流马想象图如图 13-11 所示。木牛与流马上都有车轮架，以降低车子的重心，使车子能安全地通行在狭窄的栈道上。木牛可能有前辕，可用人在前面拉。流马没有前辕，比木牛要小、轻便些，前面不考虑用人拉。

图 13-10 木牛想象图

图 13-11 流马想象图

根据有关史料得知，木牛流马应有如下特殊之处：第一，外形似牛、似马，以壮军威；第二，有四个支承，即“四足”，便于随处停放；第三，有刹车系统，以适应栈道上行走之需，不同于一般独轮车；第四，有装载粮食的专用工具即“方囊两枚”，载重量比一般独轮车稍大，每次“载一岁粮”，约四五百斤。其行走快慢是被这样描述的：“特行者数十里、群行廿里”（《三国志・蜀志・本传》原话，这里引自参考文献 [1]）。三国时蜀国栈道上运粮路线是从剑阁到斜谷，约长 600 里，木牛流马往返一次约需两三个月。木牛流马的以上这些特殊之处，使得其出现在栈道上时非常引人注目。

综合近年来学者们的研究成果，可以得出以下主流结论：木牛流马由人驾驭，不用牛或马拉；木牛应是大车，流马应是小车；木牛适于在较为平坦的路途上运输且载重较大；流马是特定年代、特定险峻道路上的军粮运输工具，载重较小。

故事 14

千里不迷航——指南车

晋朝虞喜《志林》记载：黄帝与蚩尤战于逐鹿之野。蚩尤作大雾，弥三日，军人皆惑。黄帝乃令风后法斗机，作指南车，以别四方，遂擒蚩尤。

传说蚩尤有 81 个铜头铁额的兄弟，各个凶猛无比，而且蚩尤善于运用“气象战”——作大雾，使得黄帝军队失去方向和战斗力。为了解决这个难题，黄帝依靠他的贤相风后依照北斗星的原理创造出了指南车。据说这个指南车前有一个小仙人，一只伸出的手臂总是指向南方，黄帝的军队依靠指南车指明方向，冲出大雾，取得了战争的胜利，战胜了蚩尤。

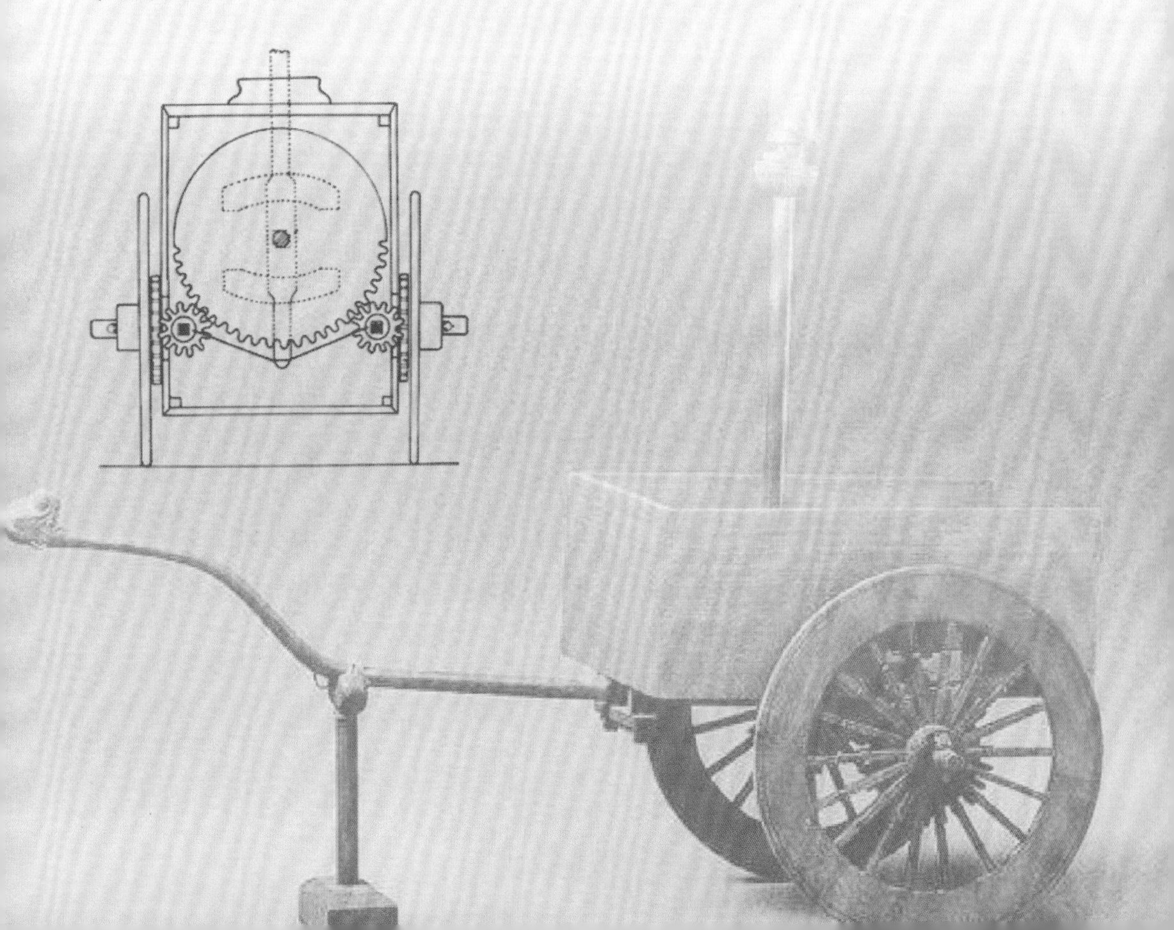

故事 14

千里不迷航——指南车

指南车是一种能够指示方向的车辆，是古代帝王出行时的仪仗车辆之一。它用机械自动控制装置，将大小不一、齿数不同的齿轮安装在车辆中，利用车轮作为动力，带动齿轮转动。当车辆转弯时，两边的车轮转速不同，中心大平轮和附足立子轮或联或断地自动离合，不论车向及车速如何变化，指南车的指向装置始终指向南方。在古代中国，在没有地面参考物的情况下，可以利用指南车指引方向，千里不迷航，对于商队、军队与船队来说意义重大。这一项中国古代机械的伟大发明，也是中国在人类文明史上留下的浓墨重彩的一笔。

关于指南车，有个神话传说。5000 年前黄帝大战蚩尤的时候，黄帝和蚩尤作战 3 年，进行了 72 次交锋，都未能取得胜利。在一次大战中，蚩尤在眼看就要失败的时候，请来风伯雨师，呼风唤雨，给黄帝军队的进攻造成困难。黄帝也急忙请来天上一位名叫旱魃的女神，施展法术，制止了风雨，才使得军队得以继续前进。这时诡计多端的蚩尤又放出大雾，霎时四野弥漫，使黄帝的军队迷失了前进的方向。黄帝十分着急，只好命令军队停止前进，原地不动，并马上召集大臣们商讨对策。应龙、常先、大鸿、力牧等

大臣都到齐了，唯独不见风后，有人怀疑风后是不是被蚩尤杀害了。黄帝立即派人四下寻找，可是找了很长时间，仍不见风后的踪影，黄帝只好亲自去找。当黄帝来到战场上时，只见风后独自一人在战车上睡觉。黄帝生气地说："什么时候，你怎么在这里睡觉？"风后慢腾腾地坐起来说："我哪里是在睡觉，我是正在想办法。"接着，他用手向天上一指，对黄帝说："你看，为什么天上的北斗星，斗转而柄不转呢？臣听人说过，伯高在采石炼铜的过程中，发现过一种磁石，能将铁吸住。我们能不能根据北斗星的原理，制造一种会指方向的东西，有了这种东西就不怕迷失方向了。"黄帝一听笑着说："原来你躺在这里就是在想这个。"黄帝把风后的这个想法告诉众臣，大家议论了一番，都认为这是一个好办法。然后，就由风后设计，大家动手制作。经过几天几夜奋战，终于造出一个能指引方向的仪器。风后把它安装在一辆战车上，车上安装了一个假人，伸手指着南方。风后告诉所有的军人："打仗时一旦被大雾迷住，只要一看指南车上的假人指着什么方向，马上就可辨认出东南西北。"这个神话传说，大体勾勒出了指南车的样貌。

14.1　指南车的发明

如图 14-1 所示为指南车，它是中华民族的文化瑰宝，中国古代科技成果的杰出代表，早已引起国内外学术界的广泛关注。20 世纪初已开始了对指南车的研究，古今学者对它津津乐道，然而各说不一。现代研究者更是众说纷纭，各执一词，形成了纷繁复杂的局面。有一种关于指南车出现时间的说法，认为指南车是黄帝造的：西晋崔豹所著《古今注》有载，"指南车起于黄帝，帝与蚩尤战涿鹿之野，蚩尤作大雾，士皆迷路，故作指南车。"说黄帝与蚩尤在涿鹿野外大战，蚩尤作法大雾弥漫，士兵都迷失了方向，于是黄帝造了指南车以示四方，擒住了蚩尤而登帝位。

图 14-1 指南车

14.2 指南车的原理

指南车由 4 匹马所牵引，刻木为仙人，着羽衣，立于车上，不论车辆如何转向，仙人的手臂永远指向南方。南北朝时期，祖冲之改造了指南车，但历史文献中没有关于指南车构造的详细记述。《宋史·舆服志》里对北宋时期的燕肃指南车作了详细介绍，是研究指南车的重要史料。据《宋史·舆服志》记载，燕肃的指南车是独辀车，上面立 1 个木仙人，手臂南指。指南车上共有 9 个轮，两个足轮，足轮里有两个附足立子轮，各有 24 个齿。再往里有两个小平轮，各有 12 个齿。在车中心有 1 个大平轮，有 48 个齿。大平轮装在车辀上，木人立于大平轮的中心位置。当车子行驶时，先调整木人，使其手臂朝南。在朝前直行时，左右小平轮用竹绳悬挂起来，大平轮与附足立子轮不产生传动关系。当车子向右行驶时，车子的后端必然向左转。这时，右边小平轮的绳子向上拉紧，小平轮上去，左边的小平轮下来，插进附足立子轮与大平轮中间，三者产生传动关系。利用齿轮的传动来抵消车子转弯时带动

木仙人的角度。这样，不论指南车怎样行驶，手臂永远指向南方。指南车构造想象图如图 14-2 所示（左图为俯视图，右图为后视图）。

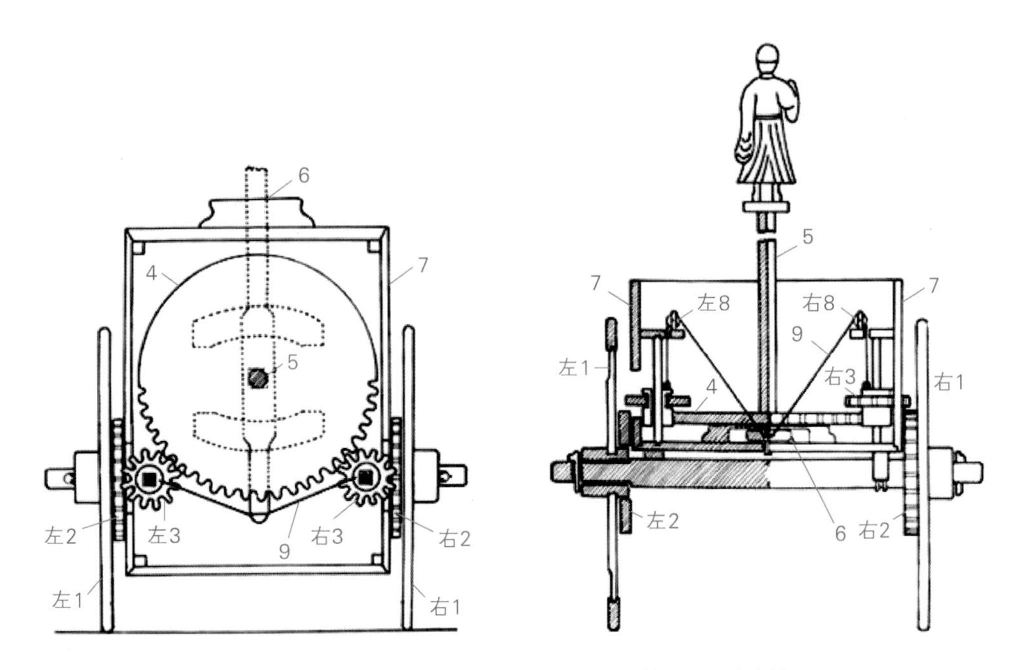

1—足轮　2—立轮　3—小平轮　4—中心大平轮　5—贯心立轴

6—车辕　7—车厢　8—滑轮　9—拉索

图 14-2　指南车构造想象图

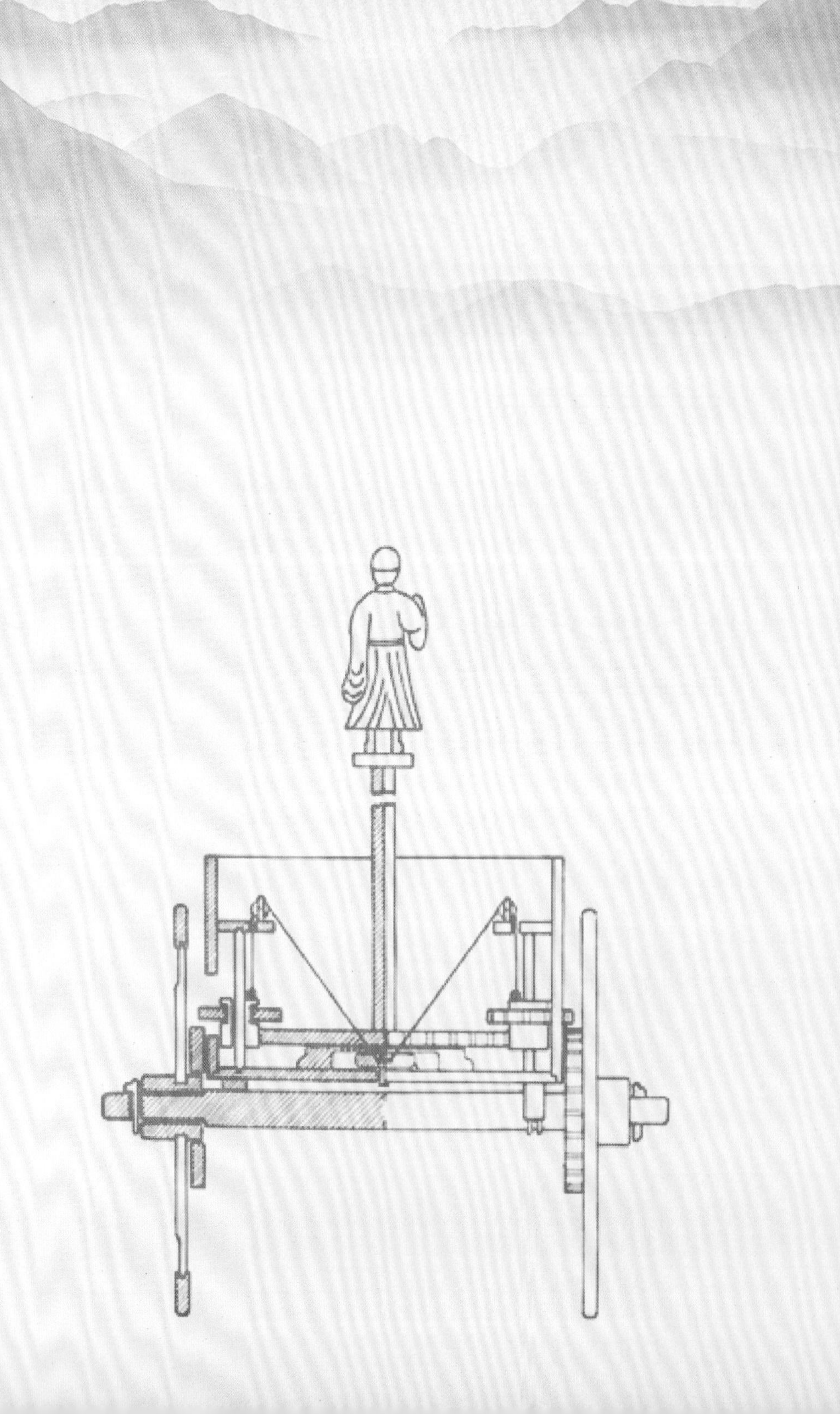

故事 15

1800 年前的“计程车”——记里鼓车

《晋书》卷二五记有：“记里鼓车，驾四，形制如司南，其中有木人执槌向鼓，行一里则打一槌。”

《宋书》卷十八记有：“记里车，未详所由来，亦高祖定三秦所获，制如指南，其上有鼓，车行一里木人则击一槌。大驾卤簿以次指南。”

晋朝崔豹《古今注·舆服》卷上“舆服第一”记有：“大章车，所以识道里也，起於西京，亦曰记里车。车上为二层，皆有木人，行一里，下层击鼓；行十里，上层击镯。”

这些记载表明，我国记里鼓车发明于西汉初年，有两层，每层有木人执槌，行一里，下一层木人击鼓；行十里，上一层木人击镯。

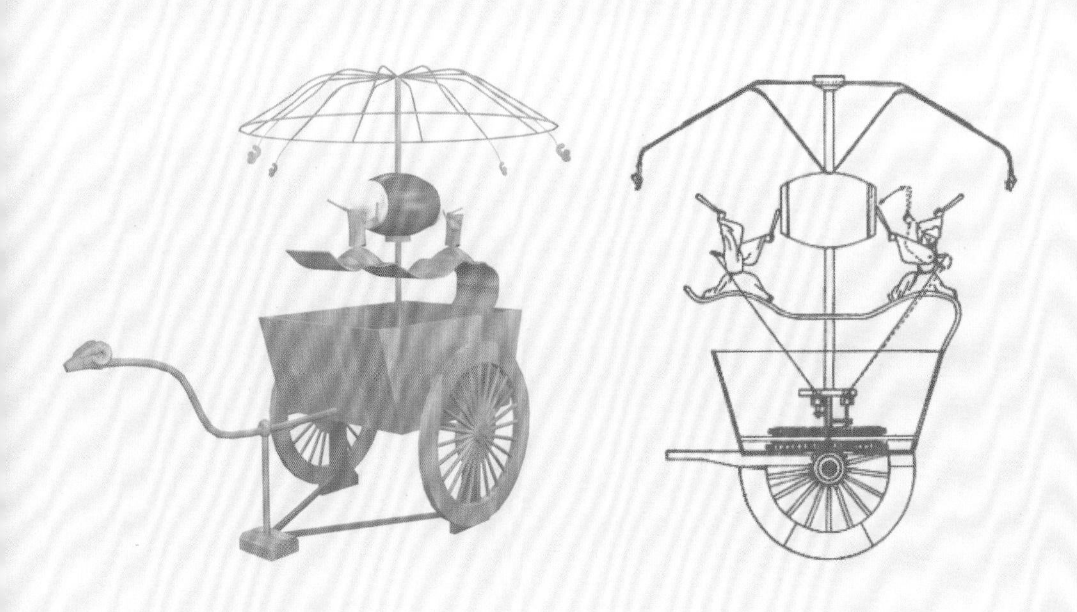

故事 15

1800 年前的“计程车”——记里鼓车

在现代，汽车有里程表记录公里数。其实，早在 1800 多年前的汉朝，智慧的先民就发明了计算里程的计量工具“记里鼓车”，也称大章车、记道车、记里车、司里车。其功用是自动报知行程，与现代车辆上的记程器相似。其方法是每到一定行程，即用击鼓或击镯的办法来告知人们。

15.1 记里鼓车的发明

汉高祖刘邦的四弟楚王刘交的后裔——刘歆撰写的《西京杂记》记载：“汉朝舆驾祠甘泉汾阴，备千乘万骑，太仆执辔，大将军陪乘，名为大驾。司马车驾四，中道。辟恶车驾四，中道。记道车驾四，中道。”由此可见，最迟在西汉时期，记里鼓车就出现了（见图 15-1）。

到了三国时期，曹魏的机械大师马钧，在前人的基础上，对记里鼓车加以改进，同时还改良了织布的绫机，研制了龙骨水车，利用水力驱动木偶舞蹈等。此时的记里鼓车改进为每行走一里，就击鼓一次。

图 15-1　记里鼓车

宋朝时期，机械大师卢道隆对记里鼓车再次加以改进。天圣五年（1027 年），卢道隆制造了升级版的记里鼓车。

大观元年（1107 年），吴德仁再次改版记里鼓车，“凡用大小轮八，合二百八十五齿，递相钩锁，犬牙相制，周而复始。”减少了击钟的齿轮，使车子行走一里，木人同时击鼓敲钟。新版的记里鼓车外形更加美观，工艺水平远超汉朝时期。

唐代之前，记里鼓车每行一里，由木人击一槌鼓。唐之后，记里鼓车除每里仍击鼓外，每行十里还击镯一次。记里鼓车是指南车的姐妹车，它们同为天子大驾出行时的仪仗车，通常还排列在相邻位置。两者要求基本相同，装饰华美富丽，有的古籍即说记里鼓车“制如指南”；所需驾士相当多，不适于实际应用。记里鼓车的使用时间应与指南车一样，是从西汉到北宋。

15.2 记里鼓车的原理

记里鼓车中装有一套减速齿轮系，当车轮转动时，齿轮也随之转动，每当车行一里时，齿轮系中的两个大齿轮各回转一周，通过传动机械，使车上的木人扬起手臂击鼓一次，以示里程。图 15-2 所示为记里鼓车原理（内部结构）想象图。

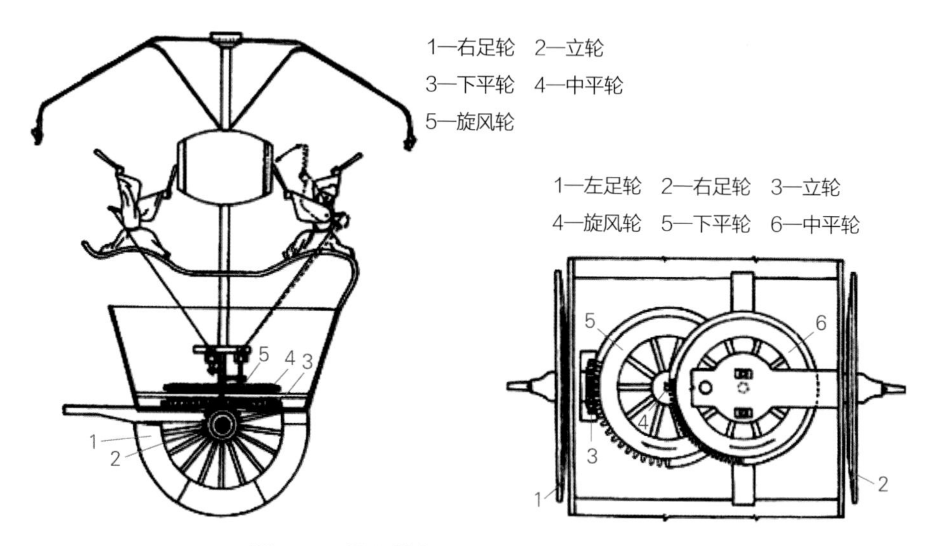

图 15-2 记里鼓车原理（内部结构）想象图

故事 16

沉舟侧畔千帆过，病树前头万木春

酬乐天扬州初逢席上见赠

【唐】刘禹锡

巴山楚水凄凉地，二十三年弃置身。怀旧空吟闻笛赋，到乡翻似烂柯人。
沉舟侧畔千帆过，病树前头万木春。今日听君歌一曲，暂凭杯酒长精神。

作者简介

刘禹锡（772—842 年），字梦得，唐朝彭城（今徐州）人，祖籍洛阳，唐朝文学家、哲学家。唐代中晚期著名诗人，有“诗豪”之称。他的家庭是一个世代以儒学相传的书香门第。政治上主张革新，是王叔文派政治革新活动的中心人物之一。

诗句涵义

这首诗显示了刘禹锡对世事变迁和仕宦升沉的豁达襟怀，表现了诗人的坚定信念和乐观精神；同时又暗含哲理，表达了新事物必将取代旧事物。

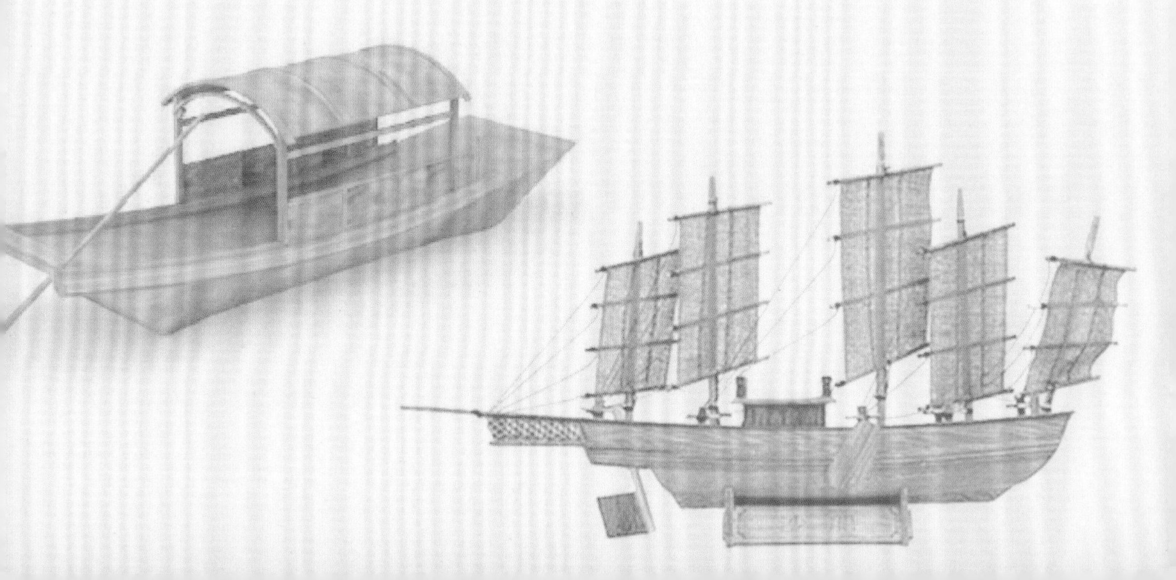

故事 16

沉舟侧畔千帆过，病树前头万木春

“沉舟侧畔千帆过，病树前头万木春。”出自《酬乐天扬州初逢席上见赠》，是唐代文学家刘禹锡创作的一首七律。意思是沉船的旁边正有千艘船驶过，病树的前头却也是万木争春，表达了新事物必将取代旧事物。其中，“千帆过”让人看到了中国古代船舶运输业的发达。

中国是世界上造船历史最悠久的国家之一。早在新石器时代，我国古人就开始制造独木舟和筏，后期出现了简陋的木板船；殷商时期木板船已趋于成熟；秦汉时期，可以制造大型船只；南北朝时期，祖冲之制造千里船；唐宋时期船体加大，结构更为合理。

到 20 世纪 50 年代，我国所出现的船型估计就有上千种，木船船型也有多种多样，海洋渔船船型有二三百种，如此多的船型体现了我国古代造船技术的发达和我国航海事业的发展。我国古代航海木帆船中，沙船、鸟船、福船、广船是有名的船型，尤以沙船、福船而驰名于中外。

16.1 独木舟

顾名思义，独木舟就是用一根木头制成的船。古人在利用大木制造独木

舟时，运用了石斧、石凿、锯等工具，判断还用火烧去多余的部分，用泥把想要保留的部分保护起来。中国古代的独木舟大致有以下三种类型。

1）平底独木舟，底是平的，或接近平底，头尾呈方形，没有起翘。

2）尖头方尾独木舟，头部尖尖的，向上翘起，尾部是方的；底是平的，如 1965 年在江苏武进淹城内城河出土的独木舟，尖头敞尾，尖头微上翘，尾部敞开宽而平，属于尖头方尾独木舟一类。其中一条长 4.22 m，舱上口宽 0.32 m，深 0.45 m，尾舱宽 0.69 m，系用楠木制成。

3）尖头尖尾独木舟，舟头翘起，尾部也起翘。

2002 年，考古工作者在杭州萧山跨湖桥发掘出一条腐朽的长木（独木舟，如图 16-1 所示）。由于其上大部分地方已经腐烂消失，整体形状不明确，所以在文物发掘初期，考古人员认为这只是一件普通的木制品，并没有对它特

图 16-1　杭州萧山发掘出土的 8000 年前的独木舟

别关注。但是，随着文物专家的深入研究，专家们对它的成分进行了碳 14 测定，得出了一个十分令人震惊的数字，这个独木舟距今已有 8000 年的历史了。有舟的地方就意味着有人，这个发现，将浙江地区的文明史向前推进了整整 1000 年，同时还有一个更重要的意义，它证明了中国是世界上最早制作独木舟的国家之一。

独木舟作为人类使用的最早的水上交通工具之一，是后来船舶的雏形。在中国，商代就已造出有舱的木板船，到了汉代，造船技术更为进步，船上除配备桨、橹外，还有帆、锚、舵等。

橹的外形有点像桨，但比桨大，支在船尾或船侧的橹檐上，入水一端为橹板，用绳索系在船上，另一端为橹柄。橹板的剖面呈弓形，用手摇动橹索，使伸入水中的橹板按照一定的弧度往复运动，可给船只持续不断地提供推力。改变橹板插入水中的角度或者调整橹板在水中的位置，可以控制船的前进方向。图 16-2 所示为独木舟与橹复原图。

图 16-2　独木舟与橹复原图

安帝元初二年（115 年），大臣马融上《广成颂》一文对风帆的使用作了极生动的描写。由此可见，东汉中期之后风帆已广泛使用。西汉已用橹作为船上的重要推行工具，不但在内河船中广泛使用，在海船中也得到了应用。帆、橹并用，把风力和人力结合在一起，更能增加船的适航性和航行速度。

锚的发明不会晚于西汉早期，石质的被称为“碇”，铁质的叫作“锚”。广州出土的东汉陶质船模尾部系有一物，正视为“十”字形，侧视为“Y”字形，基本上具有了后世锚的特点，说明中国在汉代已创造了系泊设备——锚，或沉于水，或掷于岸作固定船位的用途。

16.2 沙船

沙船出现得很早，大约到唐朝就已定型。方头、方尾、宽敞，载重量可以很大，然而吃水不深。图 16-3 所示为沙船复原图。

图 16-3　沙船复原图

沙船甲板面宽敞，型深（moulded depth）小，干舷低；采用大梁拱，使甲板能迅速排浪。沙船采用平板龙骨，比较弱，宽厚均比同级缯船小，结构强度仍比其他同级航海帆船大。它采用多水密隔舱以提高船的抗沉性，七级风能航行无碍，又能耐浪，所以沙船航程可远达非洲。

沙船运用范围非常广泛，江河沿海都有沙船的痕迹。早在宋代以前公元 10 世纪初，就有中国沙船到爪哇的记载，在印度和印度尼西亚也有沙船造型的壁画。沙船的前身可以上溯到春秋时期。在宋代称沙船为“防沙平底船”，在元代称之为“平底船”，在明代才通称“沙船”。沙船在远洋航线也很活跃，

郑和七下西洋的船队中，主要的船型即是沙船。

沙船概括起来有以下优点：其一，底平，适应范围广，不怕搁浅；其二，船舶宽，又常配有保持稳定的设备，稳定性好；其三，多桅多杆，受风大、阻力小，动力性能好。

16.3 福船

福船是尖底海船，适于通行远洋，既可用于运输又可用于战斗，是战船的主要船型，图 16-4 所示为福船模型图。福船一般都很大，结构坚固，船头高昂，可以居高临下地打击敌船。福船吃水深、载重量大，适航性和稳定性尤其好。大约到宋代福船已定型。

图 16-4　福船模型图

原有的船舶动力来源于桨、楫、橹，但这些都受到人力的局限，也使船舶无法造得很大，且桨、楫的效率不高，因为桨、楫只能间歇施力。用橹时，动力有限，也不够稳定。较大的船只能用帆，人们想了很多办法使用风力，汉代人们已经知道要利用风向来进行转向；大约到 13 世纪时，船帆可借七面风，只有风顶头时船不能行进。大约到明代，就连顶头风也可利用了。为了

使船的航向正确，必须使风帆与披水板（即腰舵）、尾舵密切配合产生合力，船舶以“之”字形前进，但这种技术又过于复杂、繁难，不易掌握。而明轮船的出现，正是船舶动力的重大改进。明轮船是指在船的两侧安有轮子的一种船，由于轮子的一部分露在水面上边，故得名明轮船。

16.4 广船

广船起源于春秋时期或更早，唐、宋时期是发展成熟期，于元、明时期定型，成为我国的一种著名船型（见图 16-5）。广船与福船都是南洋深水航线的著名尖底船。广船产于广东，与沙船、福船成为我国古代的主要船型之一。它的基本特点是，头尖体长，上宽下窄，线型瘦尖底，梁拱小，甲板脊弧不高。它是在平底船的基础上经过船体结构的过渡变化改建而成的，与西洋带龙骨的两个上翘的船型是完全不同的，其船底特别尖，在海上摇摆较快，但不易翻沉，其舵采用铁力木，在海浪中强度大，不易折断，这在海上航行至关重要。而且一般采用多孔舵，减小了舵轴力矩，提高了操舵效率。船体的横向结构由紧密的肋骨和隔舱板构成，纵向强度依靠龙骨和大欌维持，结构坚固，有较好的适航性和续航能力。

图 16-5　广船模型图

16.5 鸟船

鸟船是明、清时期，浙江、福建、广东沿海的一种小型快船。据清朝《浙江海运全案》记载，鸟船头小身肥，船身长直，除设桅、篷（帆）外，两侧有橹二只，有风扬帆，无风摇橹，行驶灵活，而且篷长橹快，船行水上，有如飞鸟。图 16-6 所示为鸟船图。

图 16-6 鸟船

鸟船是由明代嘉靖时的开浪船发展而来的。一开始的鸟船体型较小，船身比较低矮，船头尖细，设有四桨一橹，行驶快速，船内可容三五十人。明代万历时，在福建沿海，海商开始用鸟船载货去各地贸易，其“船身长，安两膀，有橹六枝，尾后催稍橹两枝，不畏风涛、行使便捷。”说明当时鸟船的体型较嘉靖时有所增大，船身的两旁从四支桨变为六支橹，在船尾也增加了一支橹，其推进力得到增强。在当时，还有一种下洋的大型商船，也被称为鸟船。这种船只体型硕大，船长可达十余丈，吃水深，载重量要比兵船大得多，多被闽粤客商驾乘用来从事远洋贸易。这种远洋鸟船有的为单层甲板，有的为双层甲板。因它是商人下洋经商所用的，所以制造需要花费重金，且装饰华丽，造价往往是一般官船的几倍。

故事 17

研核阴阳，妙尽璇玑之正——天文观测仪器

“研核阴阳，妙尽璇玑之正”出自汉朝范晔所著的《张衡传》。“璇玑”是北方玄武七宿中斗宿的二星，即天璇与天玑。璇、玑二星用来指代北斗七星，指代玄武七宿和苍龙、玄武、白虎、朱雀等二十八宿，进而指代“天文”二字。这句话描写了汉朝科学家张衡努力钻研天文学知识，并以此改进出精密的天文仪器——浑天仪。浑天仪就是“浑象”和“浑仪”的总称。

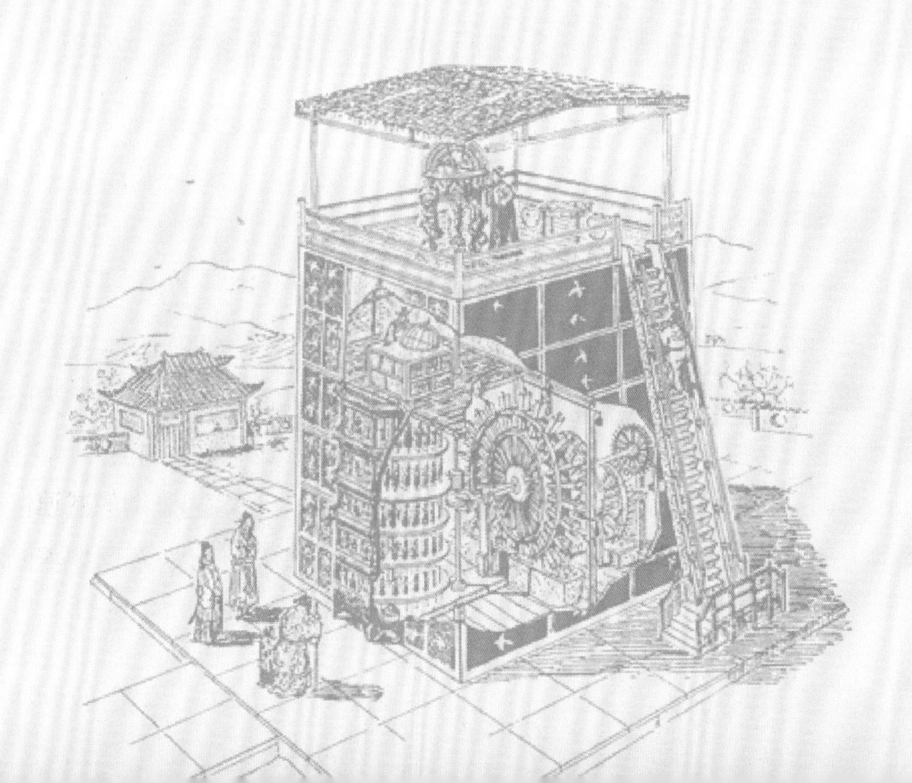

故事 17

研核阴阳，妙尽旋玑之正——天文观测仪器

中国是世界上天文学发展最早的国家之一。在中国，天文学不仅直接关系到农业生产这一国家经济命脉，而且还是统治者了解“天意”、施行政令的重要手段。所以在官方的大力支持下，中国古代的天文学在天文观测、历法制定、天文仪器的制造和使用等方面，一直走在世界各文明古国的前列。

17.1 浑象

浑象是一种表现天体运动的演示仪器，类似现代的天球仪，是一种可绕轴转动的刻画有星宿、赤道、黄道、恒隐圈、恒显圈等的圆球，主要用于象征天球的运动，表演天象的变化。浑象最初是由中国天文学家耿寿昌发明于公元前 2 世纪中叶的西汉时期。东汉张衡进行改良，在他所制造的浑象中，传动链起点为水轮，终点是浑象，中间传动比很大，有相当复杂的减速传动系统，该传动系统由齿轮组成，传动比准确，传动误差较小。浑象要求以水驱动，严格地每昼夜转动一周，能准确显示天象。浑象如图 17-1 所示。

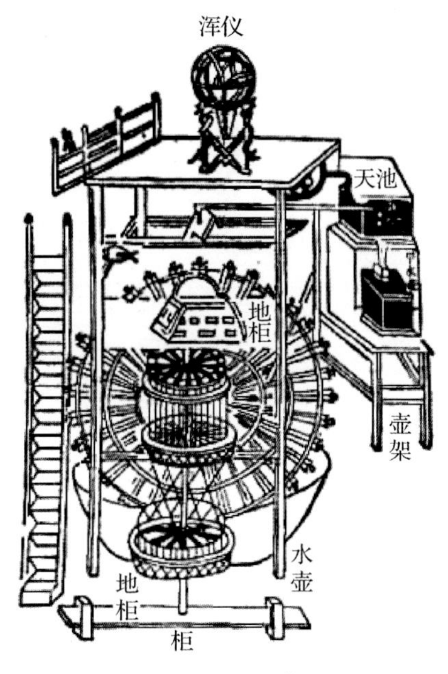

图 17-1　浑象

三国及南北朝时也有人创制了浑象，这种浑象也由水力驱动，采用了齿轮传动，但没有超过张衡的创造。到唐代开元年间（公元 8 世纪，712—714 年），一行所创天文仪器才有了新的发展（一行是唐代天文学家和佛学家），比张衡所创水力浑象更加精巧，也更复杂。一行所创水力浑象有两大特点：一是报时更加精确，每一时辰（今 2 h）敲钟，每一刻（每昼夜的 1/100 时长）击鼓，并有两个可动的木人；二是除了可演示各种天体外，还增加了日环、月环，表现日月的动作。报时、报刻及天体、日月的动作，都应步调一致，所以在一行的水力浑象上，必有更加复杂的齿轮系统。关于一行水力浑象的内部齿轮系统，其传动系统可从图 17-2 中的月环看出：最左为水轮，齿轮日环 A 与水轮同步运转，先转浑象至 B，而后分动。从 B—C 带动浑象，每天转动一周；从 B—D 带动日环，每 365 天日环转动一周；从 B—E 带动月环，每月（29 日）转动一周。

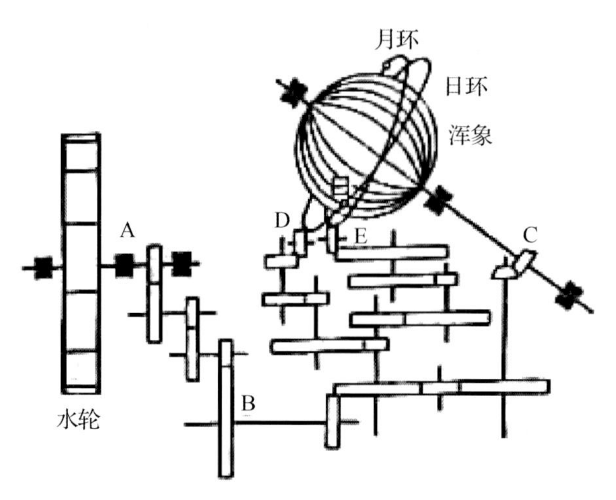

图 17-2 水力浑象内部齿轮结构

17.2 浑仪

浑仪是一种观测仪器，内有“窥管”，亦称望管，用以测定昏、旦和夜半中星以及天体的赤道坐标，也能测定天体的黄道经度和地平坐标。浑仪的改进和完善，经历了一个由简到繁，再由繁到简的历程。

浑仪由早期赤道环和四游仪组成，一个是固定的赤道环，它的平面与赤道面平行，环面上刻有周天度数；一个是四游环，也叫“赤经环”，能够绕着极轴旋转，赤经环上也刻有周天度数。早期浑仪如图 17-3 所示。

从汉代到北宋，浑仪的环数不断增加，首先增加的是黄道环，用以观测太阳的位置。接着又增加了地平环和子午环，地平环固定在地平方向，子午环固定在天体的极轴方向，这样浑仪便形成了二重结构。北宋到唐初，浑仪又发展成三重结构。最外面的一层叫六合仪，由固定在一起的地平环、子午环和外赤道环组成，因东西、

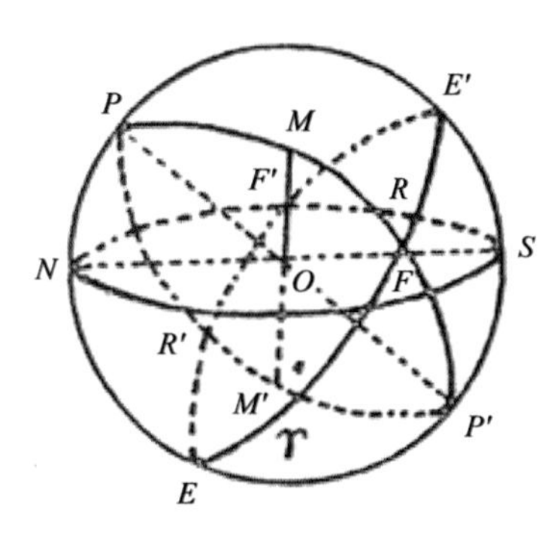

图 17-3 早期浑仪

南北、上下六个方向叫“六合”，故得名六合仪。第二重叫三辰仪，由黄道环、白道环和内赤道环组成，可以绕极轴旋转。其中白道环用以观测月亮的位置。最里层是四游仪。图17-4所示为北宋苏颂改进的浑仪，为三重结构浑仪。

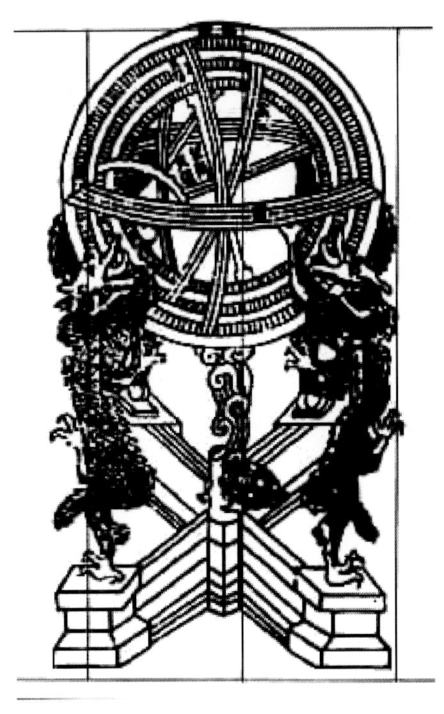

图17-4　三重结构浑仪

元代郭守敬取消了黄道环，并把原有的浑仪分为两个独立的仪器：简仪和立运仪。简仪的主要装置是由两个互相垂直的大圆环组成，其中一个环面平行于地球赤道面，叫作“赤道环”；另一个是直立在赤道环中心的双环，能绕一根金属轴转动，叫作“赤经双环”。双环中间夹着一根装有十字丝装置的窥管，相当于单镜筒望远镜，能绕赤经双环的中心转动。观测时，将窥管对准某颗待测星，然后在赤道环和赤经双环的刻度盘上直接读出这颗星星的位置值。有两个支架托着正南北方向的金属轴，支撑着整个观测装置，使这个装置保持着北高南低的形状。这是我国首先发明的赤道装置，要比欧洲人使用赤道装置早500年左右。图17-5所示为简仪示意图。

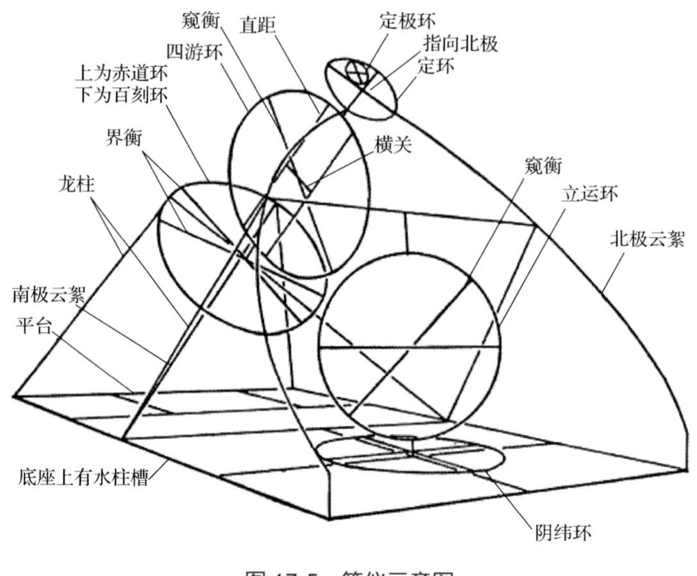

图17-5　简仪示意图

17.3　圭表

圭表是古代汉族科学家发明的度量日影长度的一种天文仪器，由“圭”和“表”两个部件组成，是中国最古老、最简单的一种天文仪器，如图17-6所示。

圭表是利用日影进行测量的古代天文仪器，早在公元前7世纪，中国就开始使用了。圭表通过测定正午的日影长度来定节令，定回归年或阳历年。在很长一段历史时期内，中国所测定的回归年数值的准确度居世界第一。通过进一步研究计算，古代汉族学者还掌握了二十四节气的圭表日影长度。这样，圭表不仅可以用来制定节令，而且还可以用来在历书中排出未来的阳历年以及二十四个节令的日期，作为指导汉族劳动人民农事活动的重要依据。

图 17-6　圭表示意图

很早以前，人们发现房屋、树木等物在太阳光照射下会投出影子，这些影子的变化有一定的规律。于是便在平地上直立一根竿子或石柱来观察影子的变化，这根立竿或立柱就叫作“表”；用一把尺子测量表影的长度和方向，则可知道时辰。后来，发现正午时的表影总是投向正北方向，就把石板制成的尺子平铺在地面上，与立表垂直，尺子的一头连着表基，另一头则伸向正北方向，这把用石板制成的尺子叫“圭”。正午时表影投在石板上，古人就能直接读出表影的长度值。圭表使用原理如图 17-7 所示。

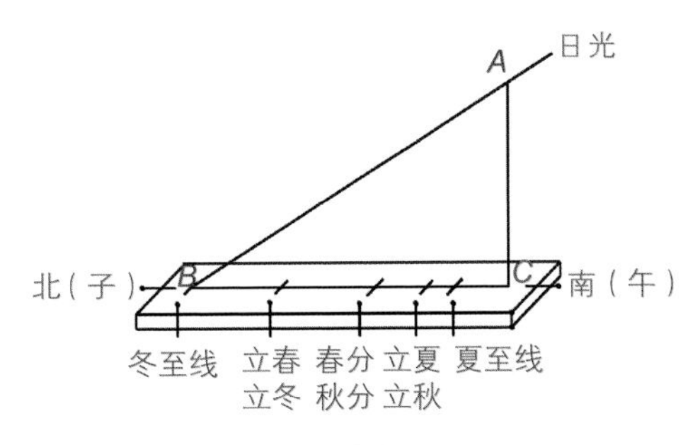

图 17-7　圭表使用原理

17.4　水运仪象台

北宋哲宗皇帝赵煦曾命苏颂等研制水运仪象台。苏颂约于 1088 年制作小样，1092 年制成大样。水运仪象台异常高大，高达 36 尺多（约 12 m），底宽

21 尺（约 7 m），创造了中国古代天文机械的顶峰，更是机械史的重要成就，如图 17-8 所示。

图 17-8　水运仪象台

水运仪象台实际上是一座具有多种功能的天文台。台顶的屋顶做成活动的，可以打开，不致影响观测。整座台分为三层：上层放置浑仪，用于观察天体运行；中层放置浑象，用以演示天体；下层除了放水轮、齿轮等内部机械外，还有用木人自动报时、报刻的装置。为了生动地演示时刻，下层的一边做出五层木阁，用木人分别以击鼓、摇铃等方式来精确报知时间。

水运仪象台是靠“水运”的，即它的动力来源于水，其上水循环不息，自成系统。水运仪象台上，有打水人搬动“河车”，河车带动两级“升水轮”，将水提升到最高处，然后水经过三级漏水壶后，推动水轮，水又回到最低处，再由打水人将水提升到最高处。在水运仪象台上的浑仪、浑象及自动报时装置，均由水轮带动，因而对水轮运转的准确程度影响很大。为了控制水轮匀速运转，在水运仪象台上有一套水准很高的特殊擒纵装置——“天衡”。水冲动水

轮时，“天衡”就能保证水轮匀速运转。当水轮静止不动时，水轮的轮缘即被“天关”卡住，水轮不动。水轮轮缘的受水壶受水未达一定重量时，水轮仍静止不动；但当受水壶受水达到一定重量时，水轮轮缘使“格叉”下降，“天条”随之下降，通过杠杆，则“天关”随之上升，便不再卡住水轮，水轮转动一定距离。当水轮轮缘转过一个受水壶时，这个装满水的受水壶位置倾斜，部分水溢出，水轮重量减轻，“格叉”上升，“天条”随之上升，“天关”下降，重又卡住水轮，使水轮不动。“右天锁”的作用是防止水轮倒转；而退水壶的作用是接住受水壶倒出的水。这套机构的构造与作用十分巧妙，相当于日后机械钟表上应用广泛的擒纵装置，意义重大。水运仪象台擒纵装置如图 17-9 所示。

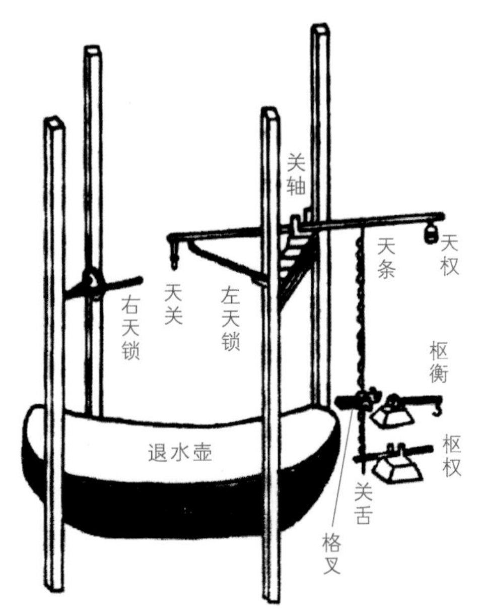

图 17-9　水运仪象台擒纵装置

水运仪象台传动系统中的水轮在《新仪象法要》书中被称为“枢轮”，它和齿轮被装在一根轴上，同步运转。传动分为三路：一路通过齿轮，带动浑仪观察天象；一路通过齿轮，带动浑象演示天象；另一路通过齿轮带动另一轴及一系列齿轮报时报刻。各齿轮都有各自不同的名称，以示区别。

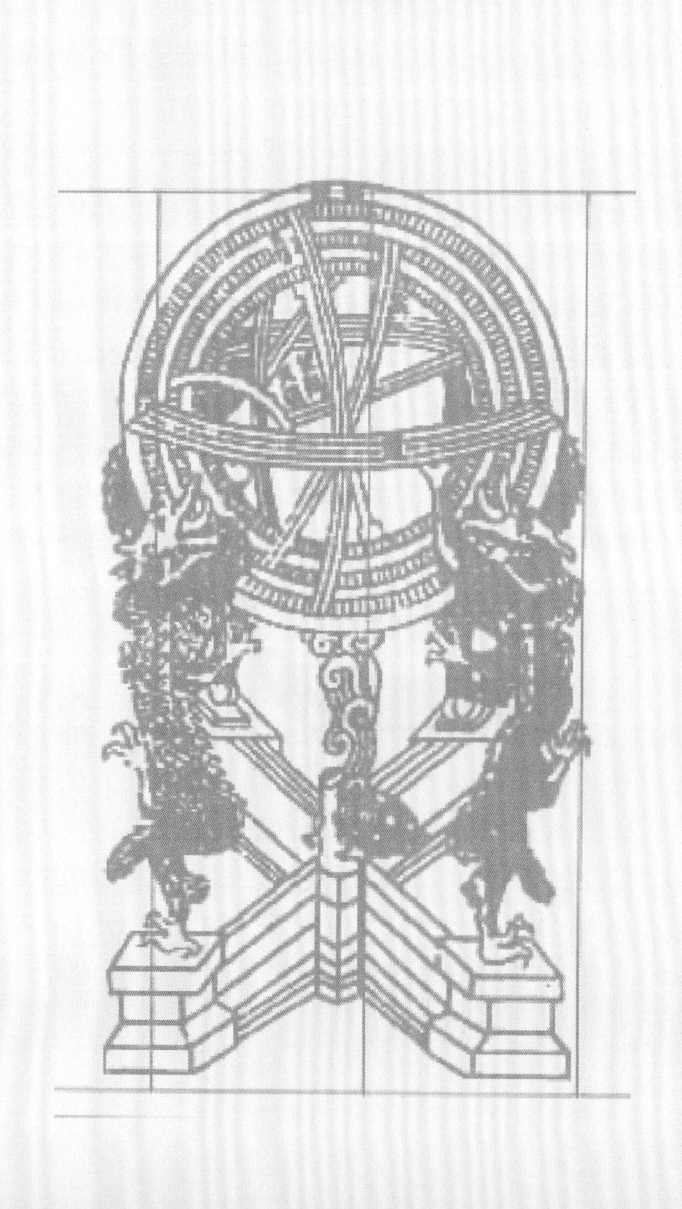

故事 18

见微知著的地震仪器——地动仪

后汉书·张衡传（选段）

【南北朝】范晔

衡善机巧，尤致思于天文、阴阳、历算。安帝雅闻衡善术学，公车特征拜郎中，再迁为太史令。遂乃研核阴阳，妙尽琁玑之正，作浑天仪，著《灵宪》《算罔论》，言甚详明。

阳嘉元年，复造候风地动仪。以精铜铸成，员径八尺，合盖隆起，形似酒尊，饰以篆文山龟鸟兽之形。中有都柱，傍行八道，施关发机。外有八龙，首衔铜丸，下有蟾蜍，张口承之。其牙机巧制，皆隐在尊中，覆盖周密无际。如有地动，尊则振龙，机发吐丸，而蟾蜍衔之。振声激扬，伺者因此觉知。虽一龙发机，而七首不动，寻其方面，乃知震之所在。验之以事，合契若神。自书典所记，未之有也。尝一龙机发而地不觉动，京师学者咸怪其无征。后数日驿至，果地震陇西，于是皆服其妙。自此以后，乃令史官记地动所从方起。

作者简介

范晔（398—445 年），字蔚宗，南朝宋史学家，顺阳郡（今河南淅川）人。官至左卫将军、太子詹事。著有《后汉书》，与《史记》《汉书》《三国志》并称“前四史”

诗句涵义

张衡精心研究阴阳之学（包括天文、气象、历法诸种学问），精妙而透彻地掌握了天文仪器的工作原理和结构规律，制作浑天仪。顺帝阳嘉元年，张衡又制造了候风地动仪。地动仪的枢纽和机件制造精巧，如果发生地震，铜丸会从地动仪内部落到下面。这样，就能知道地震的方位。

故事 18

见微知著的地震仪器——地动仪

关于张衡创制地动仪，《后汉书·张衡传》中记载较详（见上页选段）。张衡生活的年代地震频发，这一情况促使他对地震做了一定的研究，从而创制了地动仪（见图 18-1）。

图 18-1　地动仪

地动仪的结构及各部分的功能介绍如下。

外形：“形如酒尊”，如同酒坛子。其表面装饰着精美的山龟鸟兽图案和篆文。尊，即古代酒器，有学者认为尊应是酒杯，但是据原文记载，地动仪可以完全封闭，具有酒坛子的形状更为恰当。

都柱：一根粗大的柱子。都柱是地动仪的重要零件，也是由地震引发地动仪发生动作的源头。不管在哪个方向发生一定强度的地震，都柱即向地震方向倾斜运动，从而引发地动仪的工作。然而都柱只能向八个方向运动，这就是地动仪上做了八个轨道的原因。可见，地动仪所测定的地震方向不一定精确。

机关：地动仪上的机关是由都柱的倾倒来触发起动的。机关起动的结果是引发地动仪上的龙头吐出铜丸，钢丸是地动仪的核心部件。据记载，机关制作得异常巧妙，深藏在地动仪的外壳之中，并且“覆盖周密无际”，保护得十分严密。

标志：当地震发生时，都柱倾倒引发机关起动，促使地动仪外壳上的龙头张口，吐出铜丸，铜丸即掉入蹲在下面张着大嘴的蟾蜍口中，立即“振声激扬”起来，守护者便得知有地震发生了，马上查看铜丸坠落的方向，也即是地震发生的方向。

可以认为，张衡地动仪由两个系统组成：一个是接收地震信号的系统，由都柱和八个轨道组成；另一个是报知地震信号的系统，由内部机关、龙头、铜丸及蟾蜍组成。

参 考 文 献

[1] 陆敬严. 中国古代机械文明史［M］. 上海：同济大学出版社，2012.

[2] 李家治. 中国科学技术史：陶瓷卷［M］. 北京：科学出版社，1998.

[3] 戴念祖. 中国科学技术史：物理学卷［M］. 北京：科学出版社，2001.

[4] 徐延豪. 中国科学技术馆. 中国古代机械图文集［M］. 北京：中国科学技术出版社（暨科学普及出版社），2013.

[5] 赵文榜. 黄道婆对手工棉纺织生产发展的贡献［J］. 中国纺织大学学报，1992（5）：99-103.

[6] 丁静静. 黄道婆棉纺织技术革新与江南经济社会发展［D］. 苏州：苏州大学，2014.

[7] 刘仙洲. 中国古代在农业机械方面的发明［J］. 农业机械学报，1962（1）：1-36.

[8] 杨树栋. 机械工程——中国古代技术进化的标志［J］. 山西大学学报（哲学社会科学版），2005（1）：98-101.

[9] 游战洪. 踏板机构在古代纺织机械中的运用［J］. 机械技术史，2000（00）：251-261.

[10] 练春海. 汉代车马形像研究——以御礼为中心［M］. 桂林：广西师范大学出版社，2017.

[11] 钱玉趾，陈桐. 木牛、流马是四轮车考辨——兼说木牛是诸葛亮的失败之作［J］. 文史杂志，2017（5）：48-54.

[12] 赵彬. 木牛、流马研制现状及问题［J］. 成都大学学报（社会科学版），2006（6）：15-19.

[13] 刘国俊. 释“浑天仪”［J］. 辞书研究，1989（4）：149-150.